MATH ART

マス・アート
～真理，美，そして方程式～

スティーヴン・オーンズ＝著　巴山竜来＝監訳　赤池ともえ＝訳

NEWTON PRESS

Stephen Ornes

Originally published in 2019 in the United States by Sterling Publishing Co., Inc.
under the title Math Art. This edition has been published by arrangement with Sterling Publishing Co., Inc.
122 Fifth Avenue, New York, NY, 10011
through Tuttle-Mori Agency, Inc., Tokyo.

家族に捧げる

MATH ART

マス・アート
〜真理，美，そして方程式〜

前ページ：クロケット・ジョンソン『アイザック・ニュートンの解から作図したデロス島の問題（普遍算術）(Problem of Delos Constructed from a Solution by Isaac Newton (Arithmetica Universalis)』(1970年)

謝辞

まずは，本書のためにお時間を割き，作品を共有し，取材に応じてくださった数学者とアーティストの皆様に言い尽くすことのできない謝意を表します。皆様のご協力がなければ本書は存在し得ませんでした。そして，妻と子どもたちにも心から感謝します。妻のケイトはどんなときにも快く辛抱強く，執筆と推敲に専念できる環境を整えてくれました。子どもたちは刺激と情熱と創造性を分けてくれました。

有能な編集者にご担当いただけたことも幸運でした。スターリング社のメレディス・ヘイルは粘り強い編集力と忍耐力を併せもち，このプロジェクトを企画から刊行にまで導いてくれました。本当にありがとうございました。数学者でライターのイヴリン・ラム（Evelyn Lamb）は，数学的な誤りを見落とすことがないように全面的に協力してくれました。数学的な好奇心に満ちたイヴリンの記事は一読に値します。また，何年もお世話になっている優秀な雑誌編集者とウェブ編集者の皆様にも感謝いたします。

友人たちと家族は各章の草案に目を通し，率直な意見を聞かせてくれました。エマ・マリス，フランク・コーレイ，ライアン・ムーア，ホーリー・コルベイ，とくに，これまでの著作を毎回丁寧に読んでくれている両親。貴重な時間と心遣いに感謝します。

はじめに

「裸の美に出くわしたのはこの世でユークリッドだけだ」

――エドナ・セント・ヴィンセント・ミレイ
（Edna St. Vincent Millay）

2013年の春，ユニバーシティ・カレッジ・ロンドンの神経科学者チームの依頼によって，15人の数学者がちょっと変わった実験に参加することになりました。近未来的な巨大ドーナツのようなfMRI（機能的磁気共鳴画像）装置に横たわり，騒音の中で脳をスキャンされながら，方程式を次から次へと眺めていくという実験です。

数学者が方程式を見つめるたびに，脳の最前部，額の真裏に位置する眼窩《がんか》前頭皮質という部位が光り，活性化していることが観察されました。実は，過去にも似たような実験が行われていて，絵画を眺めたり，音楽を聴いたり，美しい顔の写真を見たりしたときに，この脳部位が光るということが確認されていました。それぞれの絵画，音楽，顔の美しさが高く評価されていたときほど，脳の働きもより活性化する傾向があったといいます。それを踏まえて実験を行った結果，被験者が方程式の意味を理解している場合には，芸術的体験や美的体験に反応する脳部位が方程式にも同様に反応するということがわかったのです。

美しさの数値化は無意味，fMRIの研究は不完全，そう思った人もいるでしょう。確かに，そうした意見は少なくありません。美的体験を測定しようとする研究は，これまでにも幾度となく批判を受けてきました。今回の研究結果が*Frontiers in Human Neuroscience*誌の2014年2月号で発表された際にも，*Scientific American*誌の中で「美にまつわる概念は現代的な神経科学研究領域から逸脱している」と述べた神経科学者がいました。それでも，やる価値がないということにはなりません。

今回の実験では，数学者以外の被験者にも装置の中で同じ方程式を見てもらいましたが，その大半は方程式の意味を知らなかったので，案の定，その脳部位が同じ情動反応を示すことはありませんでした。このような小規模な実験だけで明確な結論を出すことはできません。しかし，ここで面白い問題が浮かび上がります。

数学者たちは方程式の中に何かを感じているのでしょうか？　数学者にしかわからない何かがあるのでしょうか？

実は，数学は美学的性質を備えています。数学的正しさは，ある種の不変性をもちます。学校で学んだ幾何学で言えば，円の大きさが変わろうと，インディアナ

フランク・ファリス『プラトンのレガッタ（A Platonic Regatta）』。3種の多面体のもつ対称性が，異世界のヨットとして具現化されています。

州が何を言おうと（26ページ参照），円周と直径の比はいつでも変わりません。どんな直角三角形でも二つの短辺の2乗の和は長辺の2乗に等しくなります。これまでもこれからも素数は無限に存在します。どれほど努力してみたところで，方程式$x^3+y^3=z^3$を成り立たせるような三つの正の整数を見つけることはできません。

数学者の多くは，こうした正しさを支えている概念や証明を「美しい」とか「エレガント」と表現するのですが，数学者以外が聞いても戸惑うだけかもしれません。数や三角法の何が美しいというのでしょう？　美術品や音楽の美しさは視覚や聴覚でとらえるものです。一方，数学は詩に似ています。どちらも真理を問いかけるからというわけではなく，数学と詩はそれを知覚する過程が似ているのです。何らかの秩序で並んだ記号が目や耳から頭の中へと流れ込むと，無機質な記号が息吹を与えられたように動き出し，あるときそれはパズルのピースをはめるように何かしらの意味を生み出します。ラングストン・ヒューズ（Langston Hughes）の詩も，メアリー・カー（Mary Karr）の詩も，ウォレス・スティーヴンズ（Wallace Stevens）の詩もそうです。ユークリッドによる素数の無限性の証明も，ピタゴラスの定理も，数学の対称性と物理学の保存則を関連づけたエミー・ネーターの定理でもそうです。

残念なことに，こうした美しさは数学に縁のない人や興味のない人には伝わりません。たとえば，「計算力や論理性が足りない」と言われて苦手意識をもってしまったり，教育制度が時代遅れだったり，授業で好奇心を引き出せていなかったり。数学教育のさまざまな要因が絡み合い，ほとんどの生徒は数学と芸術を結びつける領域までたどり着きません。数学の豊かな創造性が活かされていない現状は，もったいないの一言に尽きます。

ですが，希望もあります。ある種の感性をもった人々が数学の難解な理論の深みにはまると，突き動かされるような衝動を受けて，創作せずにいられなくなります。そして，木を刻み，絵を描き，布を織り，糸を編み，キルトを刺し，金属を彫ります。抽象的な概念に具体的なかたちを与えながら，幾何学，代数学，集合論の言語を使って問題を投げかけてくれるのです。

筆者はそうしたアーティストたちを探し出し，インスピレーションや苦悩，成果などを取材しました。きっかけは，「数学を創作活動のミューズにするとはどういうものなのか」を知りたいと思ったことです。一人ひとりの話を何時間も聞いていくうちに，いくつかの共通点が見えてきました。彼らの多くは，創作の過程を発明というより発見に近いと感じていました。それは，作品をつくり始めるはるか以前から存在していた概念や関係性というべき，壮大で奥深い不滅の何かに具体的なかたちを与えているような感覚だそうです。インタビューを重ねた結果，筆者は次のように考えました。すでに確立したアートの一表現形態を「数学アート」として総括することよりも，それは現在進行中で広がりつつある豊かな世界への入り口であることが重要だと。

数学的な研究に精神的な意味を見出している数学者は少なくありません。モリス・クライン（Morris Kline）は著書『数学を知らない人のための数学（Mathematics for the Nonmathematician）』の中で，次のように述べています。「数学が芸術たりうる最大の理由は，数学が創作のための一手段にとどまらず，それ自体が精神的な価値をもたらすという点だろう。数学の進歩によって，人類は世界の神秘を解き明かす知的な喜びと感動を体験できる」。

抽象画家のドロシア・ロックバーン（Dorothea Rockburne）に言われたことを思い出します。「森羅万象を愛し，その仕組みを知りたい。そう思わない人なんていると思います？」。

数学と芸術の二択を迫られたときに選ばないことを選んだ人々，それが数学アーティストなのです。

数学者が芸術を生み出したり，芸術家が数学からインスピレーションを得たりすることは，とりたてて珍しいことではありません。数学と芸術は，これまでも常に寄りそって存在してきました。プラトンの著書『ピレボス』の中では，ソクラテスが直線と円とそれらからなる立体を「永遠の絶対的な美」と表現しています。ギリシャの神殿は，数学的なプロポーションと無理数で形づくられています。スペインのアンダルシア州にある広大なアルハンブラ宮殿では，入り組んだ幾何学模様のタイルが壁や床や天井に敷きつめられていて，さながらイスラム芸術の美術館といった雰囲気です。オランダの画家M・C・エッシャーは，このアルハンブラ宮殿に触発されて，モザイク柄のテセレーション作品を生み出しました。エッシャーのイマジネーションによってさらに飛躍したタイル模様は，現実の物理法則を超えた世界にまで到達しました。

数学アーティストのコミュニティは広がりつつあります。たとえば，国際数学者会議（ICM）という数学界最大の会合が4年ごとに開かれていますが，そこでは作品の展示も行われています。ニューヨーク州立大学オールバニー校の数学アーティストであるナット・フリードマン（Nat Friedman）は，1990年代初頭に数学アーティストの定期的な会合を企画しています。会合に参加した彫刻家のバスシーバ・グロスマン（Bathsheba Grossman）は，「誰もが喜びの涙を流していました。こんな作品を手がけているのは自分だけ，全員そう思っていたんです」と振り返っています。メリーランド州タウソン大学の数学者であり，アーティストでもあったリーザ・サランギ（Reza Sarhangi）は，1998年に数学とアートの融合を掲げた国際会議を立ち上げ，学際組織のブリッジズ(Bridges)を設立しました。第1回がカンザス州ウィンフィールドのサウスウェスタン・カレッジで開催されて以来，毎年恒例となったブリッジズカンファレンスには何百という数学アートのファンが集まり，企画展なども行われています。

数学アートの世界は今まさに花開きつつあり，エッシャーやアルハンブラ宮殿，古代神殿の美しい幾何学模様などを凌駕しつつあります。どの作品も驚きと新しさにあふれ，まだ見ぬ世界を探り出そうとしています。

ところで，数学アートとは何なのでしょうか？結論から言えば，当事者の間でも明確な定義はありません。本書の中では，「美的な魅力を表現する目的」で創作され，「数学を根拠」として構築された，「視覚で鑑賞する芸術」のみを数学アートと呼ぶことにします。これはあくまでも本書の定義であることをご了解ください。インターネットで検索してみると，数学を詩，音楽，ダンスなどに落とし込んでいる例がいくらでも見つかると思います。

また，本書には次の三つのルールを課しました。

1. 数学を根拠とした芸術のみを紹介すること

本書では，数学から生まれた芸術のみを扱います。アレクサンダー・カルダー（Alexander Calder）のモビールを使って重心の公式を書くこともできるでしょう。ジャクソン・ポロック（Jackson Pollack）の抽象画からフラクタル次元を求めることもできるでしょう。そうした研究や調査があるのは事実ですが，数学的に解釈できる作品を紹介することは本書の目的ではありません。数学的なインスピレーションに支えられた作品 ── 数学的な理論，たとえそれが最前線の理論でなくとも，それを芸術に転化する実践的な方法が稲妻のようにひらめき，その結果として存在している作品 ── を紹介したいと思っています。

2. 可視化についてだけでなく，芸術性について語ること

可視化とは，数学的な原理を正しく忠実に見えるようにすることであり，それ以上でもそれ以下でもありません。もちろん，可視化は大事だと思っていますし，正多面体やその展開図の模型を紙や木材で制作している数学教師にはいつも感心しています。しかし，本書で取り上げるアーティストたちは模型化や可視化だけにとどまらず，美学的な可能性を追求しようとしています。作品に数学的なエレガンスや厳密性を織り込むことで，ある種の気品が漂ってくることがわかるでしょう。

3. 原則として，現役の数学アーティストを紹介すること

数学アートは日新しい分野ではありません。デューラー，ダ・ヴィンチ，古代ギリシャ人などは，数学を使って解剖学的な美しさを探ろうとしましたし，パルテノン神殿に黄金比が使われていると熱心に唱えている人もいます（熱心に否定している人もいますが）。幾何学的な位置関係と遠近法は中世の絵画を大きく変えました。エッシャーも忘れてはならない一人です。とはいうものの，本書ではエッシャー以降の数学アートに注目したいと思っています。数学と芸術が

融合しつつある今，魅力と新鮮さと刺激に満ちた，誰も見たことのない作品が続々と生まれ出ています。そうしたアーティストをぜひ知っていただきたいのです。

もちろん，例外的にルールを破ることはあります。また，すべての数学アーティストを紹介するつもりも，数学のすべてを網羅するつもりもありません。この本で扱いきれなかった何十，何百もの数学アーティストが今もどこかで活躍していて，まだ見ぬ世界を切り開いています。合同数学会議（JMM），ブリッジズカンファレンス，国際数学者会議，シンメトリーフェスティバル，各地の展覧会やイベントなど，彼らの非凡な作品を楽しめる場も増えています。

本書は数学アートのガイドブックだと思ってください。数学アートの世界が無限に広がる森だとすれば，皆さんは本書という専任ガイドと一緒にちょっとしたハイキングに出かけるところです。変わり者の林学者が若木を見つけては指さしたり，うねった模様の木肌に感心したりしながら，数学アートの森を案内していきます。

数学アートとは，数学を使った芸術であり，芸術を使った数学であり，その交差地点に生まれる美でもあります。

イギリスの数学者マイケル・アティヤ（Michael Atiyah）は，2008年に次のように書いています。「日中の明るい日差しの下にいるとき，数学者は方程式と証明を徹底的に検証し，小石を一つ残らず裏返すような厳密さを追求する。ところが，満月の夜の数学者は夢うつつになり，星々の中に身を浮かべ，神の奇跡に目を見張る。それがインスピレーションになる。夢を見なくなってしまったら，芸術も数学も生命さえも生まれないだろう」。

数学アーティストたちは目に見えないものにかたちを与えます。夢を見て，つくり出します。石やブロンズやスチールから，絵の具や原油やコンピューターグラフィックスから，トランプやクリップや食器やプラスチックから，数学と芸術を創作します。

上：ロバート・ファザウアー『自己相似曲面（Self-Similar Surface）』。この彫刻は3回回転対称性と鏡映対称性をもち，フラクタル曲線をもとに造形されています。**次ページ：**作者不詳『シティ』。都市が抽象的なフラクタル立体として表現されています。

第１部

普遍性

「数学は科学の女王である」。これはドイツの数学者カール・フリードリヒ・ガウスの言葉です。数学は宇宙を記述する言語ともいわれています。現実世界の仕組みを支える理論はもちろんのこと，その対極のように思える理論——無限や虚数といった抽象的で想像しづらい概念——まで解き明かすのが数学です。第１部で紹介する作品は，ときに意外性に満ち，ときにとらえどころがないかもしれませんが，数学的な普遍性を語りかけています。

ジョン・シムズ／ジョン・エドマーク／クロケット・ジョンソン／
ドロシア・ロックバーン／ジョージ・ハート

1

円周率のアート

π

円周率は単なる数です。それなのになぜ，これほどもてはやされているのでしょうか？　毎年3月14日は「円周率の日」と呼ばれ，数学好きたちがパイを焼いたり，円の写真をInstagramに投稿したりと，思い思いのかたちで祝います。円周率は無理数です。無理数とは，小数点以下が同じ数値配列を周期的に繰り返すことなく，無限に続いていく数のことです。数学を学んだほぼすべての人が，ぼんやりとでも必ず覚えている無理数といえば，この円周率くらいでしょう。無限の桁数をもつ円周率は，終わりなく世界に語りかけています。神秘的な物理現象の奥底にも，円周率が隠されています。はかなげなこの現実世界と無限に続く抽象的な数学世界とをつなぐ架け橋，それが円周率なのです。

ジョン・シムズ

おや，一人の数学アーティストがキルトショップに入っていくようです

2005年3月の日差しが降りそそぐ朝。数学者でアーティストのジョン・シムズ（John Sims）は，アルマ・スー・キルト店に入り，キルトの第一人者エラ・トイ（Ella Toy）に出会いました。この店があるフロリダ州サラソタのパインクラフトは，メノナイトとアーミッシュが都会的に暮らしているという，アメリカ国内では珍しいコミュニティです。ここの住人のほとんどは，馬や馬車を使わずに，大きめの三輪自転車やゴルフカートで移動します。アルマ・スー・キルト店では，生地やキットやキルトといった手芸用品を販売しているだけでなく，店内に教室が併設されていて，キルトづくりや裁縫のクラスが開かれています。布きれがつなぎ合わされ，キルトに仕立てられていく様子を，買い物ついでに眺められるというわけです。

シムズがサラソタに移り住んだのは，2000年代の初頭のことでした。リングリング・カレッジ・オブ・アート・アンド・デザインから誘いを受けて，美術系学生向けに数学のカリキュラムをつくり，教えることになったためです。シムズは教鞭

前ページ：ジョン・シムズのキルト作品『πを見つめる（Seeing Pi）』のパターンは，円周率の数値に対応しています。

ジョン・シムズが演じる別人格，「アフリカ系ドイツ系ユダヤ人数学者兼芸術家兼詩人」ことヨハネス・カーチス・シュヴァルツェンシュタイン（Johannes Curtis Schwarzenstein）

を執るかたわら，2002年に『MathArt/ArtMath』という展覧会の企画と運営に携わりました。ヒラマン・ファーガソン（Helaman Ferguson），ドロシア・ロックバーン，M・C・エッシャー，ソル・ルウィット（Sol LeWitt），トニー・ロビン（Tony Robbin），バスシーバ・グロスマン，ハワーディーナ・ピンデル（Howardena Pindell）などの作品が一堂に会しましたが，どれも数学をただ視覚的に描写しただけの作品ではありません。シムズが選んだのは，数学の奥にある神秘，数学の美的な側面，あるいは数学の色やパターンに語りかけ，その価値を見出そうとする作品でした。また，シムズ自身が考案した数学アートの分類に従って，テーマ別に作品を展示しました。

次のページの下にあるシムズの連作は，この展覧会で初めて公開されたものです。左端の線画は『樹木の平方根（Square Root of a Tree）』というタイトルで，フラクタルから生えた木が描かれています。フラクタルとは，自己相似性をもつ数学的図形，つまり，どんなに拡大しても同じようなパターンが現れる図形のことです（フラクタルの詳細については第8章を参照してください）。中央の『数学アートの脳（Mathematical Art Brain）』では，先ほどのかたちが回転して，脳のような輪郭をつくっています。この脳は芸術と数学を同時に熟考できるに違いありません。さらに回転すると，右端の三つ目の線画『フラクタルの根（Tree Root of a Fractal）』になります。

シムズによれば，数学と芸術の間にはごく自然な緊張状態があるため，新しいものが生まれやすくなっています。その緊張状態に創造性をかき立てられて創作するとき，もともと存在していた何かに具体的なかたちを与えているような感覚になるのだそうです。

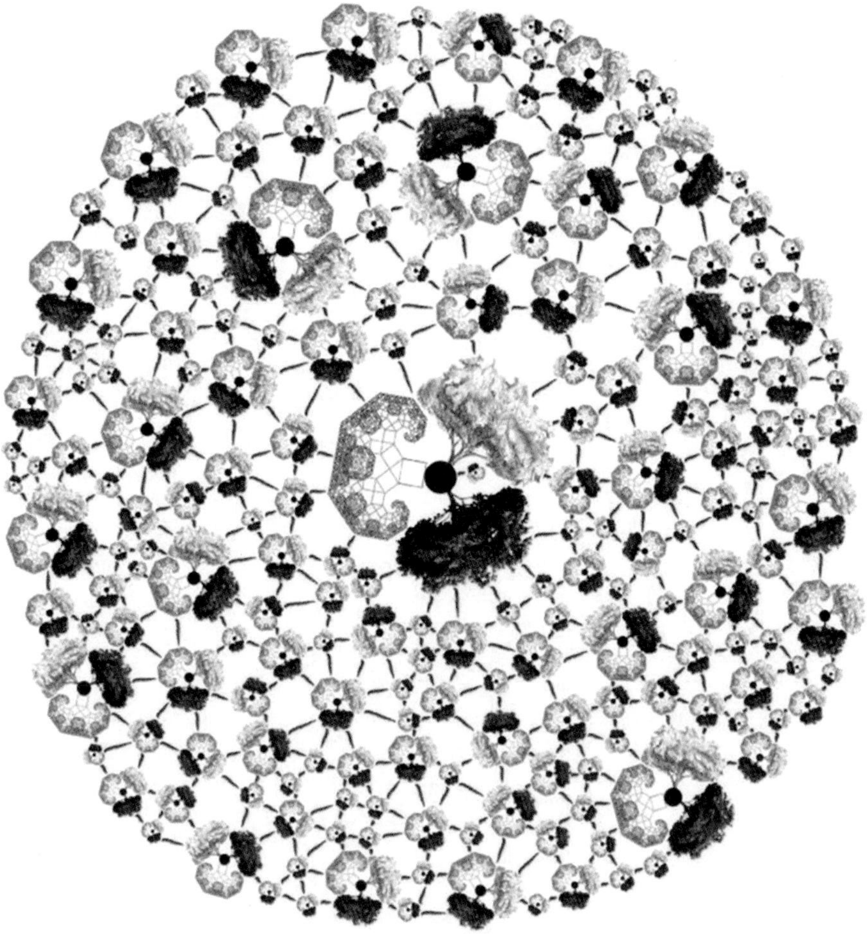

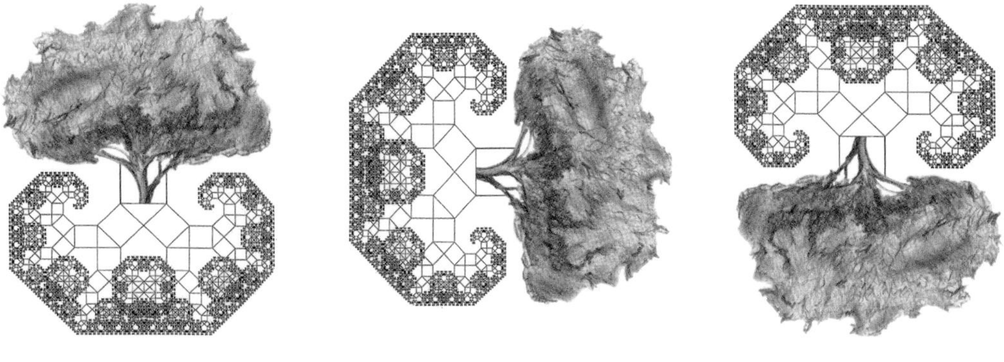

上：ジョン・シムズは，数学，芸術，自然が交差するさまを隠喩的かつ形而上的に表現しようとする中で，『原子の木：細胞の森（Atomic Tree: Cellular Forest）』をつくり出しました。
下：ジョン・シムズの連作『平方根の木（Square Root Tree）』。左から『樹木の平方根（Square Root of a Tree）』『数学アートの脳（Mathematical Art Brain）』『フラクタルの根（Tree Root of a Fractal）』

「じっくり探り，じっくり掘り下げれば，この関係は必ず見えてきます」とシムズは話します。また，2002年の展覧会の解説文では次のように書いていました。「視覚的な数学から美が引き出され，美的な体験から数学の知見が引き出される。そうした状態から，人間の神経系統は魔法のような能力を発揮する」。

「数学と芸術を完璧に両立させられるような，魔法のような方法はどこにあるのだろうか」

――ジョン・シムズ

円周率もシムズが好むインスピレーションの源です。円周率は数学的な定数の一つですが，その数を知らない人はいないでしょう。もはや数学の枠を超えた文化の一つといえるかもしれません。円周率は円周と直径の比を表し，小数点以下の桁が無限に続きます。最初の数桁は3.14159…です。記号π（パイ）は数学，物理学，化学はもちろん，思いがけないところにも現れます（円周率の文化的な位置づけや，数学者の間のπをめぐる賛否など，円周率の詳細については24ページの「芸術の裏にある数学：π」を参照してください）。

何千年もの間，人々は円周率に心を奪われてきました。数学に興味がなくても円周率には夢中という人もいて，まるで魔法にかけられたかのようです。シムズは，円周率の魅力は身近さにあると言っています。「数学と芸術を完璧に両立させられるような，魔法のような方法はどこにあるのだろうか」と悩んでいたとき，円周率という答えにたどり着き，円周率の視覚化という芸術の模索が始まりました。まず2002年に，正方形の格子《こうし》を円周率の数字ごとに塗り分けた作品をつくり上げました。その格子模様からキルトを連想し，キルトを求めてエラ・トイに会いにいくことになったのです。

キルト店のエラ・トイは，もともと社会科学系の知識があり，数学にも関心をもっていました。シムズが自分のアイデアと決意――円周率のパターンがもつ魅力を直接伝えられるキルトの制作――を説明したときも，すぐにイメージを理解したといいます。「トイは自分と知り合ったことを喜んでくれて，とても張り切っていました」。二人は作業に取りかかり，最終的には13種類の数学キルトを合作しました。

キルトの中央には円周率の最初の数値が置かれ，外側に向かって螺旋《らせん》状に桁が進んでいきます。格子のときと同様に，数値ごとに色が割り当てられ，色の順番がそのままキルトのパターンになります。シムズが試したパターンは一つだけではありません。

たとえば，『塩胡椒抜きのπ（Pi sans Salt and Pepper）』と呼ばれる作品では，黒と白以外の10色が使われています。また，円周率のすべての桁を二進法，つまり，0と1だけに変換した作品もあります（二進法の詳細については29ページのコラム

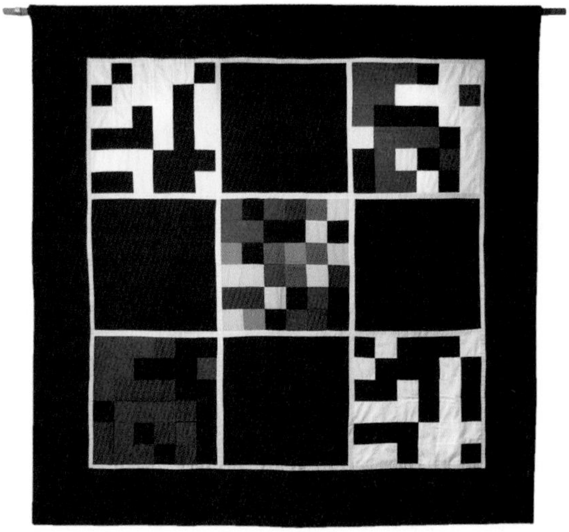

ジョン・シムズによれば，数学と芸術がすんなりと融合したのはキルトのおかげでした。また，キルトを使うアイデアが浮かんだのは，ピタゴラスの定理，アフリカの織り物，円周率の視覚化の三つが結びついた結果でした。このキルト作品『市民π運動（Civil Pi Movement）』はその一例です。

「コンピューターの数の数え方」を参照してください）。0に黒を割り当て，1に白を割り当てたこの作品は，『黒と白のπ（Black White Pi）』と名づけられました。

『アメリカンπ（American Pi）』というキルト作品では，円周率を0，1，2だけの三進法に変換し，0に赤，1に白，2に青を割り当てています。『市民π運動（Civil Pi Movement）』は，さまざまなデザインの大きな正方形を組み合わせ，1枚の「ハイパーキルト」に仕立てた作品です。正方形のそれぞれはシムズの別のキルト作品を表しています。

シムズの創作活動はキルトだけでは終わりませんでした。その後も，円周率からワンピースや映像を制作したほか，円周率をテーマにした曲を友人たちと共同でプロデュースし，2015年の円周率の日に発表しました。2015年にはフロリダ州立カレッジのマナティ＝サラソタ校のギャラリーで，シムズの円周率へのこだわりを集めた展覧会も開かれました。そこではキルトとドレスに加えて，「アフリカ系ドイツ系ユダヤ人数学者兼芸術家兼詩人」のヨハネス・カーチス・シュヴァルツェンシュタイン（Johannes Curtis Schwarzenstein）――シムズが演じる別人格――が独白する映像も展示されました。

衝突と緊張から新しい融合体がつくられるという信念は，シムズのほかの作品にも活かされています。シムズは数学アートの活動をもとに，現代社会や政治に対する主張を表現したプロジェクトへと発展させました。『南軍旗の正しい掲げ方（The Proper Way to Hang a Confederate Flag）』は，絞首縄を用いたインスタレーション作品です。2004年に発表されて以来，賛否両論を巻き起こしながらも，たびたび展示されており，最近では2017年の展覧会にも出品されました。

『黒と白のπ（Black White Pi）』は，円周率をキルトに取り込んだ作品の一つ。ジョン・シムズがデザインしたキルトのパターンは，円周率の各桁の数値に対応しています。

フロリダ州サラソタにあるアルマ・スー・キルト店にて。円周率から着想したキルトをつくるキルターたちとジョン・シムズ

芸術の裏にある数学：π

円周率への情熱と数学にちなんだ記念日

2015年3月14日の土曜日は，あるマニアたちにとっての一大祭典でした。もっと正確にいうと，祭典の最高潮は9時26分53秒きっかりに訪れました。その瞬間，日付と時刻の数字が「3/14/'15 9:26:53（アメリカ式日付表記）」と並び，数学史上最も有名な無理数の最初の10桁と一致したのです。数学マニアたちは円周率がプリントされたTシャツを着て，ギリシャ文字πの飾り生地を乗せた本物のパイを焼きました。

3月14日は，数学にちなんだ記念日である「円周率の日」です。1988年の3月14日，サンフランシスコのエクスプロラトリアム科学博物館で運営を担っていた物理学者ラリー・ショー（Larry Shaw）によって，円を描いて行進したり，パイを食べたりするイベントが開催されました。少なくともそれ以降，円周率の日は毎年恒例の行事になりました。さらに，2009年には，円周率の日を正式な記念日に制定する決議がアメリカ議会で採択されました。マサチューセッツ州ケンブリッジのマサチューセッツ工科大学（MIT）では，円周率の日に入学許可書が発送されることになっています。スーパーマーケットのホールフーズでは，1枚3.14ドルのピザが売られます。Instagramの投稿は，πの切り込みを入れたり，飾り生地を乗せたりしたパイの写真であふれ返ります。

ただし，2015年の3月14日は世紀の円周率の日でした。文字どおり，100年に一度の特別な日だったのです。この並びの日付と時刻を再び見るには，2115年を待たなければなりません。ジョン・シムズの活動も，2015年の円周率の祭典を新たな高みへと引き上げました。

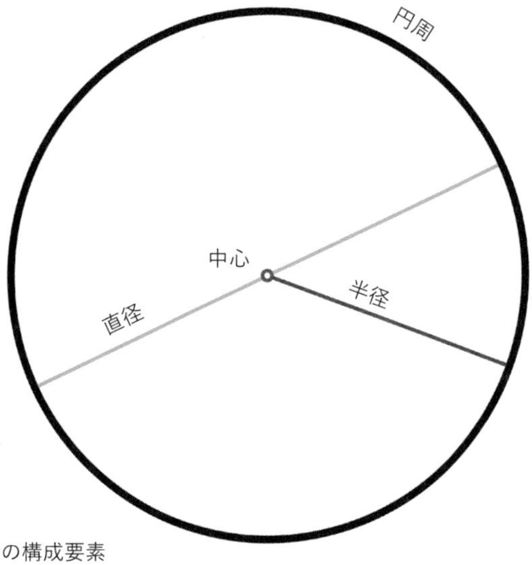

円の構成要素

πの隠し味を探して

上の図に示したように，円には円周，直径，半径などの構成要素があり，円周率は円周と直径の比を表します。

円周率の値は，3と4の間の3寄りに位置しています。また，スイス出身の数学者・天文学者ヨハン・ハインリヒ・ランベルトが18世紀の終わりに証明したとおり，円周率は無理数です。つまり，二つの整数の比で表すことができません（それ以降の数学者たちも同じ事実をさまざまな方法で証明していますが，証明が必要だからではなく，ただ単に，証明が可能だからという理由です）。

二つの整数の比で表せないということは，有限小数や循環小数として表せないということです。小数点以下は特定の数値配列が周期的に繰り返すことなく無限に続いていくので，数値を最後の桁まで正確に計算することもできません。円周率の研究者たちは，この無限の桁に秘められたパターンやメッセージを探し続けています（カール・セーガンの小説『コンタクト』（1986年，新潮社）の地球外生命体は，円周率の数値配列に基づいた信号を発信することで，地球人に接触しようと試みました）。

ランベルト以前の数学者たちも，何世紀にもわたって円周率の近似値の算出に挑んできました。たとえば，アルキメデスが円と正多角形を使って，精度の高い近似値を導き出したことは有名です。まず，円に内接する正多角形（すべての頂点が円に接する正多角形）を描いたら，その円に外接する正多角形（それぞれの線分の中央が円に接する正多角形）を描きます。そこから，多角形の辺の数を増やしていきます。最初は6本の辺をもつ正六角形，次に正十二角形，最終的に正九十六角形まで増やすと，多角形同士の外周が近づいて，内側と外側から円にぴったりと沿うようになります。アルキメデスはこうして円周を測定したうえで，円周率を22/7と223/71の間の値と推測しました。これはなかなかの精度です。

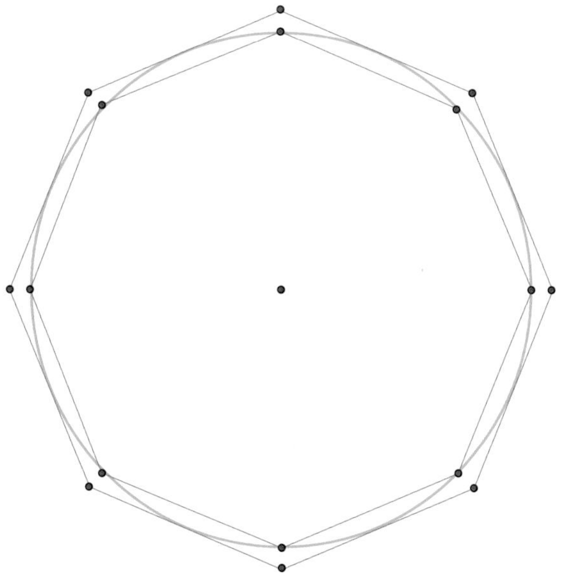

円に内接する正多角形と外接する正多角形

円周率を暗記することに喜びを見出している人もいます。最初の数十桁，あるいは100桁まで言えるとしたら，ささやかな自慢になるという面もあるのでしょうが，それよりも，円周率の数列を覚える行為自体に，無限に続く数の姿形や感触を脳に刻みこむ喜びがあるのだと思います（すぐに試してみたい方のために，100桁目までを記しておきます。3.1415926535897932384626433832795028841971693993751058209749445923078164062862089986280348253421170679…。暗記が苦手な人や，数学マニアに囲まれて暗唱するスリルを味わいたくない人は，22/7という分数でも十分に事足ります）。

ただし，熱狂的な円周率ファンと対等に戦いたいのなら，相当真剣に取り組まなければいけません。現在の『ギネス世界記録』の公認記録は70,000桁です。2015年3月にインドのヴェールールの大会で，ラージヴィール・ミーナ（Rajveer Meena）が目隠しをしたまま70,000桁を暗唱しました。オンラインの『π世界ランキング（Pi World Ranking List）』によれば，2015年10月には，インドのジャイプル出身のスレシュ・クマール・シャルマ（Suresh Kumar Sharma）も17時間以上かけて70,030桁を暗唱しています（この記録には異論もあるようです。驚異的な記憶力で知られる原口證《はらぐちあきら》という日本人男性は，111,000桁以上の暗唱に成功したと申請していますが，本書の出版時点ではギネスに認定されていません）。

円周率は無理数であると同時に，超越数とも呼ばれています。超越数とは代数的でない数のことです。つまり，$x^2=2$や$x^3-x^2=1$のような代数方程式を解いたとき，答えがπになることは絶対にありえません（余談ですが，超越数などというと特殊な数だと思うかもしれませんが，実際にはむしろ，ごくありふれた数です。ほとんどの数は超越数なので，整数や有限小数といった身近な数のほうが珍しいといえるでしょう。整数や小数を含む数直線上の数を実数と呼びますが，この中から無作為に数を取り出すことができたとしたら，ほぼ確実に超越数に当たります。実数から無作為に取り出したときに整数が出る確率に比べたら，宝くじに当たる確率――何なら，今後買うすべての宝くじに当たる確率――のほうが高いくらいです。なぜなら整数を引き当てる確率は0だからです）。

1882年，ドイツの数学者フェルディナント・フォン・リンデマンは，πが超越数であることを証明し，途方もない影響をもたらしました。円周率の理解を深めるだけにとどまらず，数学者たちが何世紀も取り組んできた問題まで解決したのです。その未解決問題は，円積問題と呼ばれています。

πを切り分ける

円積問題は「円の正方形化」とも呼ばれます。円周率の性質と密接に結びついた問題で，数千年にわたって数学者を悩ませてきました。古代のエジプト，メソポタミア，インドのそれぞれで研究の記録が残っていますし，古代ギリシャでは約2500年前に問題として定式化したうえで，解法の研究を始めています。その問題とは，「一つの円が与えられたとき，その円と同じ面積の正方形を目盛りのない定規とコンパスだけで作図できるか？」というものです。何千年もの間，作図に成功した者はいませんでしたが，努力が足りなかったわけではありません（第3章で紹介するクロケット・ジョンソン（Crockett Johnson）は，『円の正方形化（Squared Circle）』という絵画作品の中に，円から正方形を作図する工程を取り込みました）。

円周率が超越数であるならば，与えられた円と同じ面積の正方形を作図する方法はありません。それ自体はリンデマン以前の数学者にも知られていましたが，リンデマンの証明によって数学的な不可能性が確定することになりました。ところが，不可能性の証明などは自称発見者にとって何の妨げにもなりませんでした。18世紀の終わり頃，解法を発見したとの主張が殺到したこと――しかも，正しい証明が一つもなかったこと――により，フランス科学アカデミーとロンドン王立協会は，円積問題を扱った論文をこれ以上受けつけないと発表しました。円積問題は解決済み，挑戦は断念せよ，という事実上の宣言でした。

しかし，アメリカには円積問題に情熱を燃やす強者がいました。1888年のこと，インディアナ州ポージー郡の医師で数学が趣味のエドワード・J・グッドウィン（Edward J. Goodwin）は，円の正方形化に成功したと発表しました。数千年にわたる苦しみをついに断ち切り，リンデマンの証明を真っ向から覆したと主張したのです。グッドウィンは1893年のシカゴ万国博覧会の事務局に掛け合い，この朗報について講演したいと申し出ました。事務局は一度は歓迎したものの，最終的にはグッドウィンの参加を断りました。

そんな困難をものともしないグッドウィンは，1897年に数学専門誌*American Mathematical Monthly*に『円積法（The Quadrature of the Circle）』という論文を載せ，自身の証明法を発表しました。ここまでは，少し変わった人のとるに足らないエピソードだと思われるかもしれません。ところが，ここから歴史に残る馬鹿げた事態へと発展していきます。

グッドウィンは，インディアナ州議会下院に向けて法案を起草したのです。グッドウィンいわく「インディアナ州の子どもに有益」な「新たな数学的真理」の導入を目指した法案は，地元の議員によって州議会に提出され，下院を通過してしまいました。上院での決議を目前に，パデュー大学数学科の学部長がたまたま法案を目にしたことで，その滑稽さが議員たちに伝えられ，間一髪で凍結されることになりました。

グッドウィンの証明にはそれほど重大な欠陥があったのかって？　この法案がもしも可決されていたら，円周率は3.2に変わっていたでしょう。小数点以下が無限かつ非周期的に続いていく本来の円周

ドイツの医師マイケル・マイヤーの著作『アタランタのフーガ（Atalanta Fugiens）』（1618年）より，円積問題に挑戦する数学者

率について，法案の中で「まったく不適切であり，誤解を与える」と書いていたばかりか，グッドウィン自身もアルキメデスとリンデマンを忘れるべきだと主張していました（円周率が3.2だったら，ずっと覚えやすいでしょうし，円積問題も簡単に解けることは認めざるをえません）。

π をめぐる攻防

円周率 π には信奉者がいる一方で，意外に否定的な意見もあります。数学者の間では，数学定数 τ（タウ）のほうが π より重要だという議論が毎年繰り広げられてきました。τ とは，$2\times\pi$ に等しい値（6.28…）で無理数かつ超越数です。π の否定派は，τ のほうが使いやすいと主張しています。数学で円を考えるとき，円周と半径の関係は頻繁に現れますが，直径はそれほど使われません，たとえば円周の求め方でも，π の代わりに τ を用いて「円周 $=\tau\times$ 半径」と覚えればよいわけです。数学の方程式では π に2を掛けることが多いので，最初から τ を用いれば手間を省くことができます。

最近は τ の権利運動も評価されつつあるようです。2012年以降，マサチューセッツ工科大学では3月14日の午後6時28分に入学許可書を発行することになりました。お気づきのとおり，π の日の τ の時刻です。2014年には，オックスフォード大学で「τ 対 π：250年間の誤りを正す」というカンファレンスが開催され，肯定派と否定派がディベートで直接対決しました。

とはいえ，純粋 π 主義者も負けてはいません。数学アーティストのジョン・シムズは，2015年3月14日に円周率のトリビュート曲『円周率の日の賛歌（Pi Day Anthem）』を発表し，円周率の日を

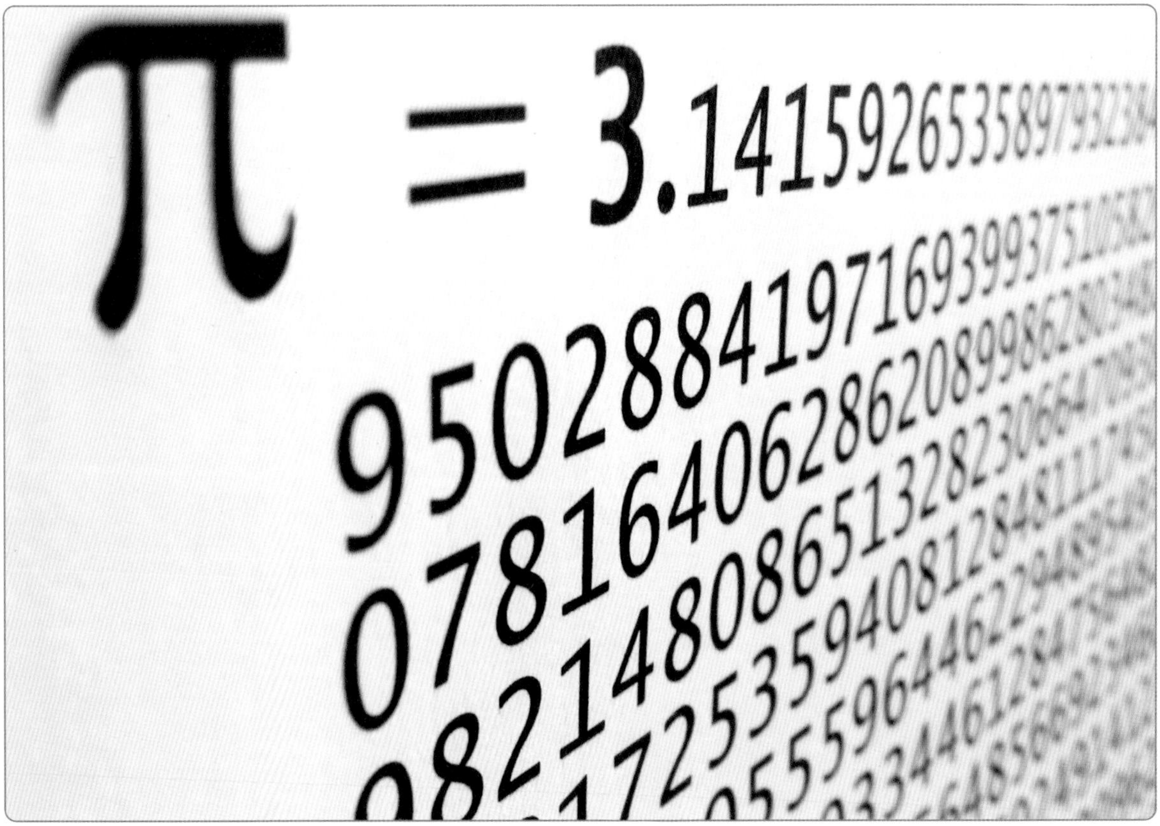

円周率の小数点表記

祝いました。この曲をシムズとプロデュースしたヴァイ・ハート（Vi Hart）は，「レクリエーション数学ミュージシャン」を自称する数学アーティストです。数学をテーマにしたYouTube動画を制作し，微笑ましくてユーモアあふれる動画を何十件も投稿しています（ちなみに，『アンチπ主義者の一大主張（Anti–Pi Rant）』という動画の中で，ハートは「πはそんなに特別じゃない」と言って，円周率を祝わなくてよい理由を列挙しています）。

『円周率の日の賛歌』では，シムズとハートが耳に残るドラムとベースに乗せて，円周率を170桁まで暗唱しました。シムズはこのほかにも，円周率をテーマに2曲をプロデュースしています。『正方形の月：バイナリーπ（Squaremoon: A Binary Pi）』は，円周率を二進数に変換したダンストラックです。また，ジャズとエレクトロニカのマッシュアップ曲『ブルーπ（Bluepi）』では，円周率の数字をBフラットのキーに割り当てました。

曲の長さはどれも同じで——もうおわかりですね——ちょうど3分14秒です。

■ ■ ■

コンピューターの数の数え方

数え方を初めて教わったときには，10の次は11と数えましたが，本当はそれが唯一の数え方というわけではありません。「10」という数字が書かれていたら，その「1」は10のまとまりの数が一つあること，「0」は端数がないことを意味します。したがって，「20」という数字なら10のまとまりが二つあり，端数がないという意味です。

そう教わったからといって，10ずつにまとめていく数え方にこだわる必要があるでしょうか？　基本となる単位を変えてみたらどうなるでしょう？　たとえば5ずつにまとめて数えてみると，「1，2，3，4，10，11，12，13，14，20」と数が並びます。このように5を基数とする五進法では，「10」の「1」は5のまとまりが一つあること，「0」は端数がないことを意味します。

基数にはどの数を使ってもかまいません。7を基数にしたければ，「1，2，3，4，5，6，10，11，12」と数えればよいのです。

コンピューターでは，2を基数とする二進法が使われています。つまり，数列は「1，10，11，100，101，110，111」のように続いていきます。二進法で「10」と書かれていたら，「1」は2のまとまりが一つあること，「0」は端数がないことを意味しますし，「100」なら4のまとまりが一つあり，2のまとまりがなく，端数もないことを意味します。

二進数は本質的にコンピューターのアーキテクチャーに適しています。コンピューターはオンとオフに切り替わるスイッチで動くため，それぞれの状態を「1」と「0」に対応させられるのです。数学アーティストのジョン・シムズも，円周率を二進数に変換することで作品をつくり上げました。『黒と白のπ』という作品では，1と0が白と黒の正方形で表現され，誰からも愛される無理数の数列に従って並べられています。

2

動きの幾何学

数や図形には，奥深いリズムと動きが刻み込まれています。「1，2，3，…」と数え上げていくとき，数列を暗記しようとするとき，あるいは証明に取り組むとき，人はある種の旅をしています。またπ（3.14159…），τ（6.28…），ϕ（1.618…）などの数学的に重要な定数は，かたちの構造や変化を捉えるのに欠かせない存在です。ジョン・エドマーク（John Edmark）は，動く彫刻を通して，こうした変化を目に見えるようにしました。その作品を眺めていると，数学がもつ動きの中に，神秘的な別世界を垣間見ることができます。

ジョン・エドマーク

現実世界にひねりを加えて

カリフォルニア州メンローパーク在住のジョン・エドマークがつくる彫刻は，幾何学的で建築的な構造と，思いもよらない外観を併せもっています。実物を見てもなお，自分の目を疑ってしまうほどです。作品の数学的なルーツ，芸術的なルーツ，このような奇妙で魅惑的なものをつくり続ける理由について，エドマーク本人はこう話しています。「実際にやろうとしているのは，魔法を生み出すことなんです。物理的な法則に反する何か，少なくとも直観どおりに動かない何か，そして，できれば絶対にあり得ない何かをつくりたいと思っています。もちろん，現実に起こせることが前提です」。

その言葉のとおり，エドマークの彫刻は，どこか見覚えがあるにもかかわらず，現実のものとも思えません。前のページの石膏でできたダリアのような作品と，次のページの色素をもたないイソギンチャクのような作品は，どちらも『開花（Blooms）』という連作の一部です。木造の要塞のような作品『ヘリコーン（Helicone）』は，回転させる方向次第でテプイ台地の縮尺模型に見えたり，エイリアンのコロニーに見えたりします。こうした作品の真の不思議さは，動かさない限

前ページ：ジョン・エドマークの連作『開花（Blooms）』の一つ。間近で見てみると，螺旋状のパターンが中央から外側へと一気に放たれているのがわかります。

り見えてきません。生き生きと動き出したとき，内に秘められていた幾何学が姿を現すのです。

エドマークは，コロンビア大学で情報工学を学び，スタンフォード大学でデザインを学びました。現在は，カリフォルニアのスタンフォード大学で工業デザインを教えながら，大学構内にある石造りの光に満ちたスタジオで作業をしています。そこにはエドマークの商売道具――3Dプリンターやレーザーカッター――が並べられ，奇妙なかたちの木片やゆがんだ金属片が積まれています。いずれ作品に使われるのでしょう。エドマークは木材，プラスチック，金属などから作品をつくり出します。

エドマークの彫刻をそのまま見ても，本来の姿は伝わらないので，動いているところを見てもらいたいのですが，残念ながら，そこは紙の本の限界といわざるをえません。この本をいったん横に置き，エドマークが公開しているウェブサイト（http://www.johnedmark.com/）で動画をご覧になることをお勧めします。

「すべては好奇心から始まる。予想どおりに動かないとしたら一体何が起きるだろう？」

――ジョン・エドマーク

エドマークは，動く彫刻で物語をつむいできました。たとえば，石膏のダリアにストロボの光を当てて回転させると，途端に生命が吹きこまれます。中央から螺旋状の花びらが現れて，外へ外へとうねるように進み，真っ黒なインクの中に溶けていきます。白いイソギンチャクをストロボの下で回転させると，ゼラチンのように揺らめいて，意思をもっているとしか思えません。

黄金比という数学的な要素も彫刻の原動力になっています。小数点以下循環することなく続くその小数に備わった美と調和は動きに魅力を与えています（黄金比や黄金角の詳細については35ページの「芸術の裏にある数学：黄金比」を参照してください）。黄金比は ϕ（ファイ）で表され，その値は（$1+\sqrt{5}$）/2（数値で表すと1.618033…）です。円

ジョン・エドマークの連作『開花』の一つ

周率と同じく無理数なので，二つの整数の比で表すことはできません。ただし，この数値自体にはそれほどの魅力はありません。黄金比の力が発揮されるのは，図形や線や空間を二つに分けるときです。図形を二つに分けて，小さな領域と大きな領域の面積の比が大きな領域と全体の面積の比に等しくなるとき，その比は黄金比と呼ばれます。

　アーティチョーク，サボテン，松ぼっくりなど，植物の葉や種には黄金比の渦巻きが見られます。エドマークにとって黄金比はインスピレーションの象徴であり，彫刻のアイデアや可能性がとめどなく湧き出る泉です（本書ではエドマークの作品を「彫刻」と呼んでいますが，本人はその表現を使いたがりません。エドマークの頭の中では幾何学が未完成の状態で浮かびます。その疑問を追究する道のりに創作物があるので，明確な名前をつけられないのだそうです）。

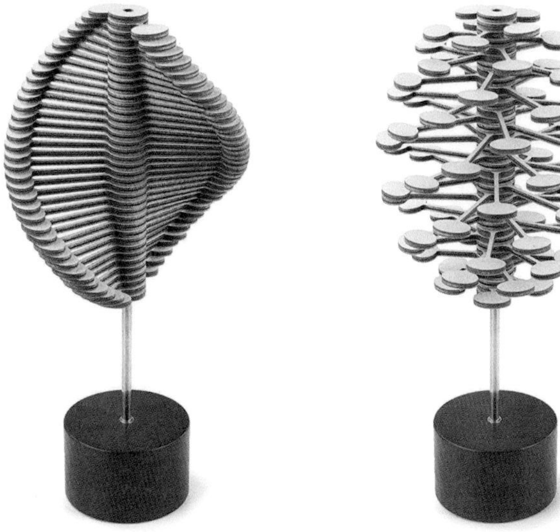

ジョン・エドマーク『ヘリコーン（Helicone）』。触って動かせる彫刻です。手首をすばやくひねると全体のかたちが変わります。

「すべては好奇心から始まります。予想どおりに動かないとしたら一体何が起きるだろう？　じゃあ，これを回転させてみたら？　あれを逆さまにしてみたら？　となるんです」。

　エドマークの作品には，木製の四角形を組み合わせた彫刻もあります。四辺からなる図形同士を蝶番でつないであり，折りたたんだり広げたり，内側に丸めたり外側に丸めたりできます。その連作の一つがこのページの左にある『カールする螺旋：外づけの脊椎（Curling Spiral, Outer Spine）』です。

「四角形のかたちによって作品の動き方は大きく変わってしまいます」。四角形をつなぐ角度によっても螺旋のカールの度合いが変わるため，四角形のかたち，連結の角度，蝶番の位置を決めるまでには，何時間も試行錯誤を重ねたといいます。そうした実験を繰り返すうちに，自力で巻き上がる螺旋にたどり着きました。

　スタジオにノートが数冊しか見当たらないのは，コンピューターかレーザーカッターで作業することがほとんどだからです。あらかじめ挙動を計算するよりも，まずは実際にデザインして，切り出してみないと気がすみません。たまに「幾何学的な仮説」――方程式ではなく，形状やパターンや動き方――

ジョン・エドマーク『カールする螺旋：外づけの脊椎（Curling Spiral, Outer Spine）』。四辺からなる図形で実験を重ねた結果，この構造にたどり着きました。持ち方次第で自然に巻かれたり，ほどけたりします。

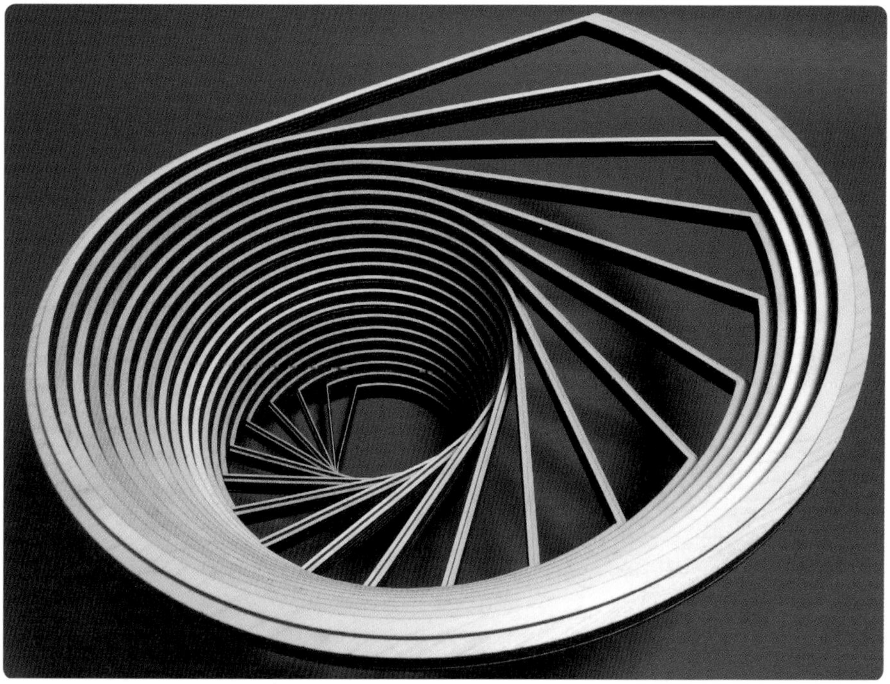

ジョン・エドマークはレーザーカッターを使い，1枚の合板から『入れ子状のオウムガイの塔（Nested Nautilus Tower）』を切り出しました。入れ子状の木枠を隙間なく並べると平らな板になり，向きを少しずらして重ねると上向きの螺旋になります。

を思いつくと，「仮説が正しいかどうかを確かめようとして，実験に没頭しすぎてしまうんです」。しかも，仮説は大概外れます。作業場とオフィスにはいくつもの箱があり，失敗に終わったプロジェクト，かみ合わなかった部品，最終段階でうまく動かなかった彫刻など，過去の亡霊たちが詰めこまれています。アイデアの大半が思うようにいかないので，「面白い動きを見せてくれて及第点を取れるのは，おそらく10％くらいでしょう」。

偶然の発見から生まれた『ロリポプター（Lollipopter）』という作品は，エドマークの最大のヒット商品です。「思ってもみなかったことが起こりました」とエドマークは振り返ります（『ロリポプター』の詳細については，次のページを参照してください）。そのもとになった『ヘリコーン（Helicone）』は，回転させると変形する木製のオブジェです。当初のアイデアでは，一つ目のパーツを指で回すと，次のパーツが連動して回転し，さらに次のパーツへと連動していくはずでした。ところが，問題が発生します。指で回して変形させようとすると，パーツ同士が引っかかってしまい，回転が続かないのです。エドマークは悩み，苛立ち，途方に暮れてしまいました。思いどおりにならないオブジェを作業台に投げ出しかけて，無意識に手首をひねった瞬間，「パーツが勝手に動き出したんです」。オブジェの軸を軽く回しただけで，パーツがパタパタと動き出し，一瞬で全体が変形しました。成功の秘訣は，慎重にゆっくりと回すことではなく，一気にすばやく回すことでした。

エドマークの彫刻は，動きの可能性や限界という物理的な問題に挑んでいます。コンピューターグラフィックスとデザインに何十年も携わってきたエドマークは，仮想空間で同じ問題に取り組めることも十分にわかっていますが，それは一種のいかさまだと主張します。「コンピューターなら物理法則に逆らうこともできますし，手間もかからないとは思います」。

しかし，目の前のものが言うことをきかず，現実や常識に刃向かってくるときにこそ，進むべき道が見えてくる──エドマークはそう信じています。

芸術の裏にある数学：黄金比

高級なおもちゃ，大忙しのウサギ，最適な日光の角度

　エドマークの作品の中でも，『ロリポプター』はとくに人気があります。想像がつくとは思いますが，これは「ロリポップ」と「ヘリコプター」を掛け合わせた造語です。これほど的確な名前はないと思いませんか？

　この作品は誰もがつい夢中になってしまうガジェット――あるいは，子どものおもちゃ？　デスクに飾る置物かも？――です。カヤック用パドルのミニチュア版が大量に重ねられていて，その中心を1本のスティックが貫いていますが，パドルは固定されていないので，スティックを軸にクルクルと回転します。

　エドマークの作品はどれもそうですが，『ロリポプター』の独特の魅力も，動かしたときに現れます。スティックをつまんで軽く回すと，パドルがきれいに整列して螺旋を形づくります。逆方向に回すと，パドルが互い違いに配置されて，植木のようなかたちになります。このときの上下のパドル同士は，137.5°ずつ正確にずれて並んでいます。これを再び逆方向に回すと，螺旋のかたちに戻ります。つまり，左右対称に動くのではなく，手首をひねる方向によって，まったく違うかたちに変わるのです。

　『ロリポプター』は，『ヘリコーン』という彫刻（33ページ参照）の素材を変えたバージョンです（Amazonで販売中の『ロリポプター』は色の種類も選べます）。

ウサギの繁殖力

　エドマークが137.5°を選んだのは，もちろん偶然ではなく，美しさを求めたわけでもなく，自然界をまねただけでした。見るべきところを見てさえいれば，この角度はどこにでも見つかります。たとえば，アガベの肉厚な葉は一定の角度ずつずれて生えています。松ぼっくりを上から見てみると，鱗片《りんぺん》が一定の角度で外側に広がっているのがわかります。葉序（植物の葉の配列）を学んでいる方にとっては，見慣れた角度なのではないでしょうか。137.5°という角度――実際の無理数はこれよりわずかに大きい角度――はϕに基づいていることから，黄金角と呼ばれています。なぜϕがそれほど重要なのか，角度とどう関係するのか，それを理解するには成り立ちを知らなければなりません。多少複雑ではありますが，知っていて損はないので，ここで説明しておきましょう。

　すべての始まりはフィボナッチ数列です。ヘーマチャンドラ＝フィボナッチ数列とも呼ばれる数列を史上初めて記したのは，900年以上前のインドの数学者アーチャーリヤ・ヘーマチャンドラ（Acharya Hemachandra）でした。ヘーマチャンドラは1150年に，サンスクリット詩の韻律パターンの数を調べていたところ，パターンの中に特定の数列を発見したのです。しかし，最も有名な起源説によると，この数列はイタリアのウサギの群れから考案されたものでした。正確には，1組のウサギのつがいです。

　イタリアのピサに住んでいたレオナルド・ピサーノは，後世に誤ってつづられたのか，愛称が伝えられたのか，レオナルド・フィボナッチとして広く知られています（父親の名前がボナッチだったため，「ボナッチの息子（filo Bonacci）」と呼ばれるうちに，フィボナッチに変化したという説があります）。フィボナッチがウサギを飼っていたかどうかは歴史の闇に包まれたままですが，数論における不朽の思考実験で名を残していることは確かです。このウサ

ギの問題は，1202年の著書『算盤の書』の中で提示されました。

ウサギの繁殖についての問題です。子ウサギが生後1カ月で大人のウサギになり，生後2カ月で雌雄1羽ずつの子ウサギを産むとしたら，どのように増えていくかを考えましょう（現実的な繁殖の仕方ではなく，仮説的な理想のウサギの話です）。まずは，生まれたばかりの子ウサギが雌雄1羽ずついるとします。

1カ月後，その2羽は大人のつがいになりました。

さらに1カ月後──第3の月と呼ぶことにします──には，そのつがいが初めて子ウサギを産みます。つまり，2羽の親ウサギと2羽の子ウサギがいることになり，つがいは2組に増えました。

第4の月には，最初の親のつがいと，その子で大人になったばかりのつがいと，親のつがいが新たに産んだ子ウサギがいることになります。つがいは3組に増えました。

第5の月には，子だくさんの親のつがいと，その間にまた生まれた子ウサギと，1番目の子だったつがいと，その間に生まれた子ウサギ（近親婚ですね）と，2番目の子で大人になったばかりのつがい，つまり，全部で5組のつがいに増えました。

フィボナッチは，各月のつがいの数を並べると特定の数列（一定の規則やパターンをもった数の並び）ができることに気がつきました。どの数をとっても，直前の二つの数の和に等しくなるのです。フィボナッチが見つけた数は，次のように並んでいました。

1，1，2，3，5，8，13，21，34…

この無限に続く数列こそがフィボナッチ数列です。フィボナッチが調べようとしていたのは，1年後のつがいの数がいくつになるかという問題でした。これは12カ月目のフィボナッチ数のことなので，答えは144になります。

フィボナッチ数は，この仮想上のウサギに限ったものではありません。さまざまな種類の成長する生き物に見られ，誰でも簡単に探すことができます。フィボナッチ数が関係しているといわれる，いくつかの例を見てみましょう。たとえば，バナナの果肉にはフィボナッチ数が見られます。バナナを半分に切ってみると，断面に三つの裂け目が入っていますが，この3はフィボナッチ数の一つです。リンゴも同じで，横半分に切った断面には5個の頂点――これもフィボナッチ数――をもつ星が現れます。ユリ類の多くの品種には3枚の反り返った花びらがついていますし，オダマキには5枚の花びらがついています。茎の数カ所に葉がまとまってつく花を見てみると，大抵，1カ所の葉の枚数はフィボナッチ数と一致しています。

このフィボナッチ数列からはϕが導き出されます。フィボナッチ数列の2番目の数を1番目の数で割ると，1÷1＝1と求められます。さらに3番目を2番目で割ると2÷1＝2になります。

そのまま計算を続けていきましょう。

$\frac{3}{2}=1.5$

$\frac{5}{3}=1.666\cdots$

$\frac{8}{5}=1.6$

$\frac{13}{8}=1.625$

$\frac{21}{13}=1.61538461538\cdots$

すると，二つの数の比は必ず1から2の間の値をとり，フィボナッチ数列の数が大きくなるほど，その連続するフィボナッチ数の比が「1.6180339887498948482…」に近づいていきます。

これが数値で表したϕ，つまり黄金比です。数字の末尾の省略記号（…）は，小数点以下が繰り返されることなく無限に続くことを意味します（黄金比は無理数なので二つの整数の比では表せないのですが，フィボナッチ数列の数が大きくなるほど，その比は黄金比に近似していきます）。

フィボナッチ数と同様に，黄金比も驚くほど至るところに登場しますが，フィボナッチ数ほどはっきり目に見えるわけではありません。

たとえば，次のような特殊な長方形の分割を考えて，長方形と黄金比の関係を探ってみましょう。長方形を二つの領域に分けて，正方形と小さな長方形をつくります。図のとおり，小さな長方形ともとの長方形の縦の長さは同じであり，長辺と短辺の比は互いに同じになるものとします。

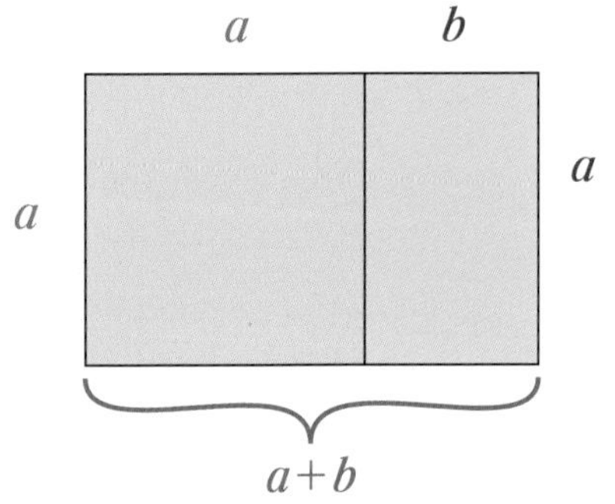

次に，小さな長方形を二つの領域に分けて，正方形とさらに小さな長方形をつくります。ここでもこの長方形の長辺と短辺の比は，もとの長方形と同じになるものとします。

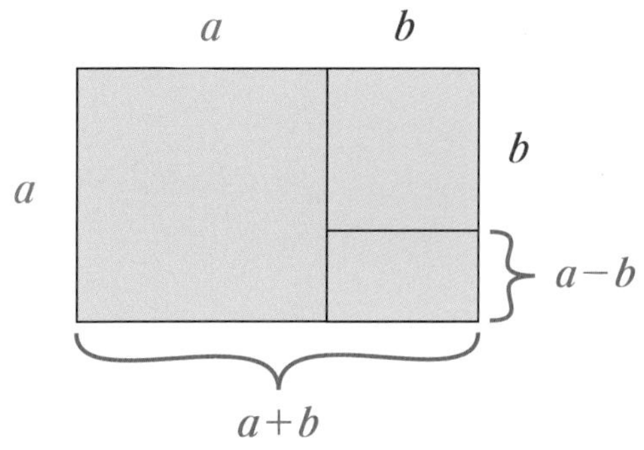

$$\frac{a}{a+b}=\frac{b}{a}=\frac{a-b}{b}$$

そのままどんどん分割していきましょう。最終的には，次のような図形になるはずです。

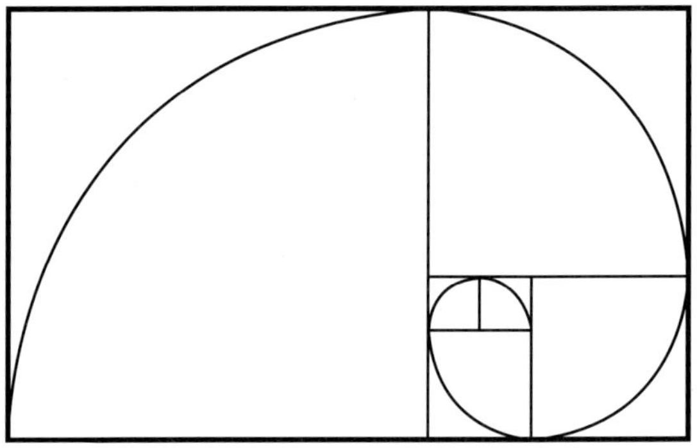

黄金長方形から描かれた対数螺旋

さて，もとの長方形の縦の長さが1だったとしたら，このように分割できる長方形の横の長さはいくつでしょうか？　数学の慣習に従って，その長さを「x」と書くことにします。未知の値を求めるときには，xなどの記号で表したうえで方程式をつくります（代数の授業を思い出してください）。

長方形を分ける線を引くということは，横の長さを二つに分けるという意味ですから，一方の長さを1（正方形は縦横同じ長さ）として，もう一方の長さを$(x-1)$とします。

ここでもとの長方形と小さな長方形の長辺と短

オウムガイの貝殻

辺の比が同じであったことを思い出しましょう。つまり，二つの長方形は相似でなければなりません。もとの長方形の比はx：1なので，二つ目の長方形の比は1：$(x-1)$と表せます。

この二つの比を等しくするには，次のように等号で結びます。

$$x:1=1:(x-1)$$

この等式から$1=x^2-x$となり，さらに$x^2-x-1=0$と書き換えられます。

あと一息，ついてきてください！　このxを求めるには二次方程式の解の公式を使います。二次方程式とは，変数の最大次数が2の方程式のことです。最大次数が2のときには必ず二つの解が導かれます。

先ほどの±二次方程式を解の公式に当てはめると，$x=(1\pm\sqrt{5})/2$となります。この解は二つあり，一つ目は$x=-0.615\cdots$ですが，長方形の辺の長さが負の数のはずはないので，この解は必要ありません。

二つ目の解は$x=1.6180339\cdots$です。ついに黄金比が現れました！　フィボナッチ数から次々に飛び出してきた比と同じ，1から2の間の値をとり，小数点以下無限に続くあの数です。縦横の比が黄金比となるとき，小さな長方形と大きな正方形の比は大きな正方形ともとの長方形の比に等しくなります。

分割して得られるこれらの長方形の1つの頂点を円弧でつないでみましょう。うまくつなぐと，前ページの図のような螺旋が描かれるはずです。これはフィボナッチの螺旋と呼ばれる有名な螺旋です。

芸術と自然に見られる黄金比

フィボナッチ数，黄金比，一定比の長方形分割――すべては互いに結びついています。その結びつきから美しさが放たれるからこそ，黄金比ファンは至るところに黄金比を見出すのかもしれません。2015年の*Clinical Anatomy*誌に，ミケランジェロがシスティーナ礼拝堂に描いた『アダムの創造』に関する論文が掲載されました。研究チームによれば，アダムの指と神の指が触れ合う位置を基準として，天井の装飾彫刻が前後左右に区切られていて，黄金比ϕの区画を形づくっているそうです。また，オウムガイの貝殻に描かれた螺旋は，完全にではないものの，フィボナッチの螺旋とほぼ一致するといわれています。

それでは，ジョン・エドマークの作品や自然界に見られる137.5°は，どのように関係しているのでしょうか？　137.5°は黄金比から生まれる角度です。円を扇形と残りの扇形の二つに切り分けてみましょう。一つの扇形の中心角を137.5°にすると，残りの扇形の角は222.5°になります（合計は360°です）。すると，長方形を分割したときと同様に，広い扇形と狭い扇形の面積の比が全体の円と広い扇形の面積の比とほぼ等しくなります。その比の値には，もちろん1.618…に近い値が現れます。

この角度は美しいうえに，とても理にかなっています。植物に黄金角が現れるのは，茎の周りにうまく葉を散らして均等に日光を当てるためといわれています。もしも茎の一方向だけに葉が生えていったら，上の葉が下の葉の日光を遮ってしまいます。

ですから，適切な角度でずれていなければならないのです。黄金角で配置されていれば上の葉に遮られることもなく，すべての葉に日光が当たります。この配置は自然の法則というよりは，植物の進化の証といえるでしょう。乏しい資源を最大限に活用し，厳しい環境を生き残ろうとしているのです。

　自然界は，黄金比を取り込みながら，成長と進化を続けてきました。エドマークは黄金比を取り込むことで，幾何学を舞台芸術のように表現しました。『開花』という彫刻には，無数の葉が黄金角で配置されていて，動き出したとたんに幻惑的な螺旋を描きます。黄金角を忍ばせた『ロリポプター』は，ある種の機械的な知性を授かり，機能性と優雅さを同時に訴えかけてきます。

■ ■ ■

3

証明は絵画の中に

数学的な証明とは，ある事柄を論理的に説明し，そのとおりだと誰もを納得させることです。そこから悪夢が始まることもあるため，アメリカ数学協会で会長を務めた数学者ヴィクター・クリー（Victor Klee）は，「数学的な証明は，合意が成立した大人の間だけで内々に伝えられるべき」と冗談まじりに述べています。

ほとんどの人が初めて出会う証明は，幾何学の問題を解くものでしょう。幾何学で用いられる証明法は，2000年以上前にユークリッドによって確立されました。クロケット・ジョンソンが絵画で示しているとおり，証明とは威厳すら漂わせ，否応なく目に飛び込んでくるものです。ジョンソンは専門的な数学教育を受けていませんが，それが逆にプラスに働いたのかもしれません。彼の作品がもつ厳密さは，一連の論理的な手順から生じるというよりも，疑いようもなく目で見えるように表された正しさに根ざしています。

クロケット・ジョンソン
『はろるどとむらさきのくれよん』とピタゴラスの定理

1906年に生まれたデイヴィッド・ジョンソン・レイスクは，本人がつけたクロケット・ジョンソンという愛称で世界中に親しまれています。ジョンソンは何冊もの児童書を創作し，挿絵をつけました。代表作の『はろるどとむらさきのくれよん』（1972年，文化出版局）は，少年が自分で描いた世界を旅するという一見シンプルな絵本です。ジョンソンは，はげ頭が特徴的な背の高い日焼けした男性でした。1958年のインタビューの中で，髪のあるキャラクターを描く理由について，「そのほうがずっと簡単だからさ。それに，僕には髪があるほうがユーモラスに見えるんだ」と答えています。

本書とジョンソンは，意外な取り合わせだと感じている人もいるでしょう。なにしろ故人ですし，数学者でもありません。ジョンソンはニューヨーク州のロング

前ページ：クロケット・ジョンソン『ピタゴラスの定理の証明（ユークリッド）（Proof of the Pythagorean Theorem (Euclid)）』。紀元前300年頃にユークリッドが『原論』に載せた証明をもとに，色彩が加えられています。

アイランドで育ち，アートスクールで学びました。製氷工場や広告業界で働いたり，いくつかの雑誌でアートエディターを任されたりした後，ルース・クラウス（Ruth Krauss）と結婚してコネチカット州で暮らしました。クラウスものちに児童書の作家として有名になりました。ここまで見た限りでは，数学の気配はなさそうです。

ジョンソンは，1942年に『バーナビー（Barnaby）』という漫画を描き始めました。好奇心旺盛な少年バーナビーと，彼にしか見えない守護妖精オマリーの日常をつづった連載漫画です。『バーナビー』が当初掲載されていた*PM*紙は，*New Yorker*誌の元編集者ラルフ・インガーソル（Ralph Ingersoll）によって創刊された日刊新聞で，広告や政党，検閲に関わらないことを高らかに宣言し，寄稿者にはアーネスト・ヘミングウェイやドクター・スースなどもいました。

『バーナビー』は大変な人気を博し，50紙以上に同時配給されることになりました。ジャズの巨匠デューク・エリントンや，詩人で風刺作家のドロシー・パーカーなど，多くの著名人がファンを公言したほどです。パーカーは*PM*紙に寄せた手紙の中で，物心ついた頃から漫画好きだったと告白し，「バーナビーが現れるまでは，喜びも楽しみも愛情も感じられなかった」とつづっています。

ジョンソンの数学愛が明らかになったのも，『バーナビー』の作中でした。1943年のある回で，背の低い無愛想なアトラスという少年が初めて登場しました。バーナビーがアトラスのことを「頭でっかち」と言い表しているように，アトラスはオマリーの名前を思い出せなくても，定積分の式ならスラスラと唱えられます。この定積分の式はのちに変更されて，改訂版では解で「OMALLEY」の文字がつづられました。アトラスは数学で会話する少年だったのです。

ジョンソンは1946年に『バーナビー』の脚本と作画を後任に譲り，1955年に『はろるどとむらさきのくれよん』を出版しました。この幼い主人公の冒険もまた人気を集め，『はろるどまほうのくにへ』（1972年，文化出版局），『はろるどのそらのたび（Harold's Trip to the Sky）』，『はろるどのクリスマス』（2011年，同社），『はろるどのサーカス（Harold's Circus）』，『はろるどのふしぎなぼうけん』（1971年，同社），『はろるどのABC』（2001年，同社）とシリーズ化されました。

そして，1960年代に真剣に数学に取り組み始めます。専門的に学んだことはなかったものの，情熱が尽きることはありませんでした。1965年から1975年までの10年以上にわたり，肺がんで亡くなる直前まで，100点以上の幾何学絵画を制作しています。すべての作品に4フィート（約1.2m）四方のキャンバスを使い，古代から近代までの数学定理を題材としました。

1972年に*Leonardo*誌に掲載された記事『On the Mathematics of Geometry in my Abstract Paintings（わたしの抽象絵画に込めた数学について）』の中で，ジョンソンは「定理には概して普遍的な適用性があるため，どんな大きさやかたちの構造物にもほぼ当てはめられる」と書いています。

ジョンソンがこのプロジェクトにのめり込んだきっかけは，ユークリッドによるピタゴラスの定理の証明に美的な価値を見出したことでした。ユークリッドの証明は，史上最も古く，最も重要といわれる幾何学書『原論』に掲載されています（20世紀半ばまでは聖書に次ぐベストセラーでした）。ジョンソンはこの証明にインスピレーションを受けて，数学的証明を絵にした初めての作品『ピタゴラスの定理の証明（Proof of the Pythagorean Theorem）』をつくり出しました。証明の工程がパズルのようにはまる様子を色彩の使い分けで表現したのです（42ページ参照）。

作品の中央には直角三角形が白と黒で描かれていて，最も長い辺（斜辺）が底部に配置されています。それぞれの辺からは外に向かって正方形が伸び

クロケット・ジョンソン『台形状の透視図で表した3対4対5の三角形がもつ正方形（デューラー）（Squares of a 3-4-5 Triangle in Scalene Perspective (Dürer)）』。直角三角形の各辺から伸びる正方形を数えると，ピタゴラスの定理を描いていることがわかります。

ています。黒と青，黒と金色，そして，底辺の黒と赤の三つの正方形です。図形全体は三角形と正方形の頂点をつなぐ直線で分割されていて，いびつな多角形を形づくっています。ユークリッドは14工程に分けて直線と図形を描き出し，作図を進めることによって，ピタゴラスの定理を証明しました（ユークリッドの証明法は，ピタゴラス学派が初めて考案した証明法とは異なるといわれています）。

普通，数学的な証明は，論理を追求しつつ，記号を使って抽象化された形で書き表されます。一方，ジョンソンの証明は，視覚を追求しています。「代数の知識はほとんどないため，使うことをあえて避けている。自分の力不足も一因ではあるが，代数を使うと絵を視覚的にとらえられなくなる」。その代わりに，ジョンソンはよく知っている道具──空間的，視覚的な把握──を使いました。

1965年に発表された右の作品『台形状の透視図で表した3対4対5の三角形がもつ正方形（デューラー）（Squares of 3-4-5 Triangle in Scalene Perspective (Dürer)）』でも，ジョンソンはピタゴラスの定理に立ち返っています。辺の比が3：4：5である直角三角形の各辺の周りに大きな正方形が描かれていますが，こちらの作品の正方形は手前に向かって，絵画の平面から垂直方向に伸びています。三つの大きな正方形は格子状に分割されていて，一つ目は9個，二つ目は16個，そして，左の三つ目は25個の小さな正方形で構成されています。作品名の由来は16世紀のドイツの版画家アルブレヒト・デューラーです。デューラーは遠近法を駆使して，二次元のキャンバスに三次元の物体を描き出したことで知られています。

クロケット・ジョンソンの作品『2の平方根（デカルト）（Square Root of 2 (Descartes)）』。ルネ・デカルトが『幾何学』の中で示した平方根の求め方を描写しています。デカルトの研究によって，こうした代数的操作も，定規とコンパスを使って図形的に表せることが明らかになりました。

証明を視覚的に描写する試みは，ピタゴラスの定理にとどまりませんでした。1965年に制作された作品『2の平方根（デカルト）（Square Root of 2 (Descartes)）』では，ルネ・デカルトが著書『幾何学』で示した図に基づいて，平方根をコンパスと定規で求める方法を表現しています（上の作品）。ここでは直径3の半円の底辺の3分点から円弧に向かって垂直に線分が伸び，図形を黒い領域と白い領域に分けています。この線分の長さは，黒い領域の底辺の平方根に一致します。背景に正方形があることで，正方形の一辺を1としたとき，その線分の長さが2の平方根を表していることがわかります。

ジョンソンは，伝説的な立方体倍積問題にも挑んでいます。この難問が史上初めて登場したのは，古代ローマの歴史学者プルタルコスの随筆の中でした。古代ギリシャの天文学者エラトステネスからの引用として，次のような神話が紹介されています。古代ギリシャのアテナイで疫病が流行したとき，市民たちは神の許しを乞おうと，太陽神アポロンの生誕地であるデロス島の神殿を訪れました。巫女の神託によると，祭壇を2倍の大きさにつくり替えれば疫病が収まるとのこと。祭壇は立方体，つまり，各辺が等しい四角形で囲まれた箱のようなかたちでした。早速，各辺を2倍（体積を8倍）にした祭壇を奉納しましたが，神の怒りは鎮まりません。要求したのは辺ではなく，体積が2倍の祭壇だというのです。市民たちの努力もむなしく，許しを得ることはできず，疫病も収まらなかったということです。

立方体倍積問題は，円積問題と同じで，目盛りのない定規とコンパスだけでは絶対に作図できません。しかし，アイザック・ニュートンは，1単位分だけ測れる目盛りのついた定規を使い，強引に不可能を突破しています（定規に目盛りがあるだけで，目盛りなし定規とコンパスでは描けない比率の線分も作図可能になります）。本書には掲載していませんが，ジョンソンの『立方体の2倍化（Doubled Cube）』は，この証明法をもとに倍積問題の解を描いた最初の作品です。

ジョンソンは*Leonardo*誌の記事の中で次のように書いています。「問題の構成要素をあらかじめ把握しておき，それと戯れながら作図していった。建築工事を進めるようなイメージで，あるいは，無限のコマ数の映画フィルムを進めたり戻したりするように，ちょうどぴったりの解へ上から下から近づきながら，行ったり来たりを繰り返した」。この行き来は倍積問題の絵画からも見てとれます。長方形と正方形と円が解を探して，重なったり離れたりするさまを眺めていると，自分にも解けそうな気がしてきます。

ジョンソンが取り組んだ絵画のテーマは，2000年以上の数学研究をひととおり網羅しています。ヨハネス・ケプラーの惑星運動の法則，ユークリッドによる2の平方根の作図，代数学の基本定理，そして，エラトステネスの地球の測定法。既知の距離だけ離れた二つの都市で，日時計の影の長さを観測し，地球の周長を算出した工夫も絵画で再現されました。

ジョンソンが残した数学絵画のうちの80点は，ワシントンDCにあるスミソニアン協会の国立自然史博物館に収蔵されています。

芸術の裏にある数学：証明が無数にあるピタゴラスの定理と解法のない円積問題

豆を食べない人々，アルバート・アインシュタイン，大統領執務室の数学者

幾何学の授業では，定理，証明，命題が現れては消えていきますが，ピタゴラスの定理の印象は圧倒的に強いのではないでしょうか。ピタゴラスの定理とは，表面的には，直角三角形の三辺の数学的な関係を表す命題です。文化的に見ると，数学好きの間で通じる暗号のような役割があり，たとえば，映画『オズの魔法使い』の終盤でもこっそり合図を送っています。カカシが思考学博士の学位を授かった直後に，「二等辺三角形の二辺の平方根の和は，残った一辺の平方根に等しい」と唱えてみせるのです（堂々と披露したわりに見当外れな内容ですが，ピタゴラスの定理を意図したことに変わりはありません）。

教団を率いる定理

「直角三角形の短い二辺の長さの2乗の和は，斜辺の長さの2乗に等しい」というピタゴラスの定理は，これ以上ないほど単刀直入です。短い二辺の長さが3と4の直角三角形で考えてみると，それぞれの辺は$3^2=9$と$4^2=16$となり，それを足すと25となります。$25=5^2$ですから，斜辺（最も長い辺）は5とすんなり求められます。

この関係を満たす三つの整数の組み合わせをピタゴラス数といいます。たとえば(3, 4, 5)，(5, 12, 13)，(68, 285, 293)など，ピタゴラス数となる組み合わせは，無限に存在しています。

定理の由来となったピタゴラスは，紀元前570年頃に東エーゲ海のサモス島で生まれた，数学者にして哲学者です。40歳の頃，イタリア半島のかかと付近にあるクロトン島に移り住み，宗教的な秘密結社を立ち上げました。アクースマティコイ（聴講生）やマセマティコイ（学問生）などの流派があったそうですが，普通はまとめてピタゴラス学派と呼ばれています。

ピタゴラスの記録や資料は歴史の中で失われてしまい，断片的にうかがえる部分もあるにはありますが，詳しい人物像などはわかっていません。ピタゴラス本人が手がけた書物はあったのか，ピタゴラスの数学的な発見が，実際には弟子の発見だったの

かなど，歴史学者の議論は続いています。ピタゴラス学派の教団員たちは，髪を長く伸ばし，菜食主義で，豆を食べることを禁止されていました。ピタゴラスは「黄金のふともも」をもっていたと伝えられているため，大腿部に目立つアザがあったものと考えられています。

ピタゴラス本人が書いたものは，一つも現存していません。ピタゴラスが数学的に何を研究したのかも，教団員がどんな活動をしたのかも定かではありません。ピタゴラスの死から数世紀を経るうちに，そのイメージは厳かに神々しくなっていき，数学的な成果も誇張されていきました。ピタゴラスは神が地球に送り込んだ使者だったという説や，古代ギリシャの哲学思想はすべてピタゴラスの功績だという説まで飛び出しています。そうした説を唱える歴史学者にしてみれば，アリストテレスだろうがプラトンだろうが，ピタゴラスの物まねにすぎません。

定理の命名権を手にしたのは，確かにピタゴラスだったのでしょう。しかし，ピタゴラスの時代から数百年前，ひょっとしたら数千年前のエジプト，中国，バビロンでも，直角三角形の各辺の関係は数学者の間で知られていました。ピタゴラスの定理と呼ばれるようになったのは，ピタゴラス（とおそらく弟子たち）が定理を初めて証明したか，少なくとも証明を書き記したからだといわれています。数学では証明が何よりも重視されます。この法則を何千年も論じてきたからといって，それだけで正しいとはいえません。では，正しいと知るにはどうすればよいのでしょうか？

ピタゴラスの定理は，この絶対的な確かさという証明の概念をとらえやすくして，誰にでも証明の扉を開いてくれます。数学者が証明を組み立てるときには，正しいと認められている前提――理論を展開するうえであらかじめ仮定された約束事（公理系）やそこから導かれる命題――をもとにします。

数学者は記号を使って論理的に記述された証明を好みがちですが，一般的には図を用いた証明のほうがわかりやすいでしょう。たとえば，このシンプルな命題は，下の図のように証明できます。

$$\frac{1}{2}+\frac{1}{4}+\frac{1}{8}+\frac{1}{16}+\frac{1}{32}+\cdots=1$$

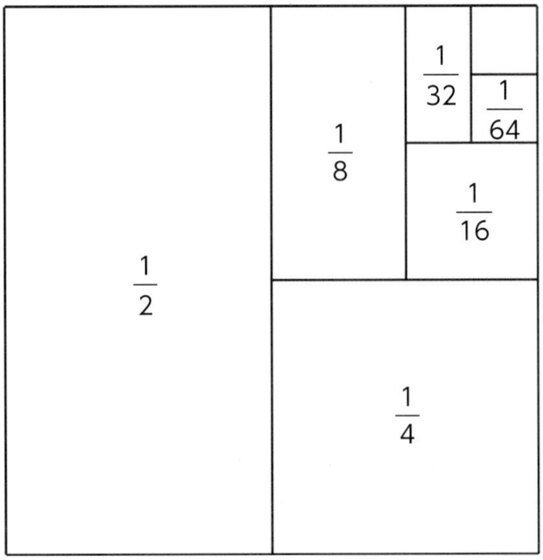

辺の長さが1の正方形。長方形の中の数字はそれぞれの面積を表し，$1=\frac{1}{2}+\frac{1}{4}+\frac{1}{8}+\frac{1}{16}+\frac{1}{32}+\cdots$を視覚的に証明しています。

定理を証明する喜び

ピタゴラスの定理の証明には，精神の浄化とでもいうような作用があるようです。何もかもうまくいかなかった日にも，この定理は絶対に揺るぎません。ピタゴラスの定理の証明法は，あまりにも種類が多いので，もしも日課にしたいと思ったら，1年間毎日違う方法で証明してみることすら可能です。

アルバート・アインシュタインは，1949年に*Saturday Review of Literature*誌に発表したエッセイの中で，10歳くらいの頃に数学的な証明に挑み，その装甲艦のような威力を実感したときの喜びを回想しています。しかも，その歳でピタゴラスの定理の証明法を独自に編み出したといわれています（伝記作家や学者によれば，有名な証明を組み立て直したものとみられます）。

ユークリッドも，『原論』の中でピタゴラスの定理の証明を発表しています。この証明は，クロケット・ジョンソンに絵画のインスピレーションを与えました。

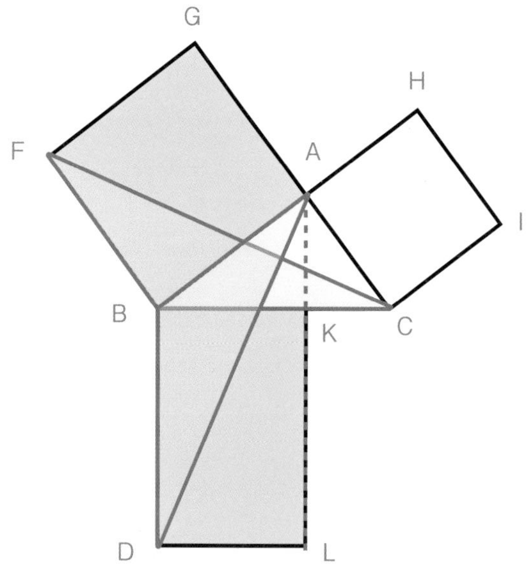

ユークリッドがピタゴラスの定理の証明に用いた図（訳注：この図でFBとBA，DBとBCは同じ長さである。△FBA，△FBC，△ABD，△KBDはすべて同じ面積となることから，□FBAGと□KBDLは同じ面積。□ACIHに対しても同様に考えれば，□FBAGと□ACIHの面積の和がBCを1辺とする正方形の面積と等しいことがわかる）。

ピタゴラスの定理はすでに何百もの方法で証明されていますが，その証明法は，尽きることなくあるともいわれています。一つずつ確かめてみたい方には，今は亡き数学者アレクサンダー・ボゴモルニー（Alexander Bogomolny）のウェブサイト（cut-the-knot.org）がお勧めです。100種類以上のピタゴラスの定理の証明をはじめとして，数学関連の興味深いコンテンツが幅広く集められています。また，数学教師で作家のエリシャ・スコット・ルーミス（Elisha Scott Loomis）が20世紀初頭に編纂し，1940年に出版した『ピタゴラスの命題（Pythagorean Proposition）』――1968年に全米数学教師協議会によって再版――には，370種類の証明が掲載されています（証明の多くは追いづらいので，心してお読みください）。ルーミスは証明を分析したうえで，代数（109），幾何学（255），四元数（4），そして，質量や速度などの物理的な概念を用いる力学（2）という四つの手法に分類しています。

『ピタゴラスの命題』には，さまざまな人物の証明が収録されています。たとえば，10世紀のペルシャで活躍した伝説的な数学者・天文学者であるアブル・ワファー・ブーズジャーニー（Abu al-Wafa' Buzjani）は，現在の三角法の基礎を築いた人物として有名です。また，ジェームズ・A・ガーフィールドの証明も紹介されています。ガーフィールドは，教師などの職を経て，1880年にアメリカ合衆国大統領に選出されました（就任から間もなくして暗殺されました）。ガーフィールドによれば，数学は政治を超越する存在です。下院議員を務めていた1876年に，*New England Journal of Education*誌で独自の証明法を発表し，その証明に添えた序文の中で，「我々にとってこの証明は，上下両院の議員らを政党に関係なく団結させるものだ」と述べています。

ピタゴラスの定理には美的な喜びがあり，その喜びには誰でも触れることができます。物差しと簡単な計算だけで，特定の三角形で定理が必ず成り立つことを確かめられます。また，逆からたどることもできます。つまり，三角形の三辺を測って条件が満たされていれば，直角三角形だと確かめられます。ピタゴラスの定理は，数学的な正しさによって，そのゆるぎない確かさが保たれています。ジョンソンは人生の最後の10年間で，何十点もの新しい絵画を生み出しました。そうした芸術家たちにとって，数学は美的な発想の源なのです。

4

1対1対無限

数を1から数え始めたとしたら，自分でやめようと思わない限りは，どこまで行っても数え終えることはできません。なぜなら「最も大きい数」というものが存在しないからです。また，すべての実数の個数を数える方法もありません。

人類は，数を数えるようになって以来，無限という概念と格闘し続けてきました。その概念は，直観にも期待にも反していながら，抗いがたいほど魅力的で，衝撃的です。数学者たちは集合論という数学分野を武器にして，無限の概念に迫ろうとしています。集合論は，約150年前に生まれた比較的新しい分野ですが，その基本的な考え方は，芸術家たち――とくにドロシア・ロックバーン――にもインスピレーションを与えています。

ドロシア・ロックバーン

昼の絵画と夜の数学

ドロシア・ロックバーンは数学者ではなく，難解な数学から芸術作品を生み出している抽象画家です。線画や絵画，複数の素材を使ったインスタレーションなど，さまざまな作品がありますが，それぞれの作品が数学と1対1で対応しているわけではありません。数学的な概念を文字どおりに描き出しているというよりも，数学からアイデアやコンセプトを取り入れて，黒鉛，洋紙，キャンバス，ボール紙，原油（ロックバーンの出世作で使われていた素材）などと同じ道具として使っている，というほうが正しいでしょう。

1971年に『共通部分（Intersection）』というインスタレーションを制作したときには，『群（Group）』と『論理和（Disjunction）』という過去の作品のコンセプトを再利用して，それぞれの構成要素を結合させました。数学的な集合の共通部分とは，一つの集まりが別の集まりと交わる部分を意味し，ロックバーンの『共通部分』は過去の2作品の交わる部分を表現しています。この作品のもとになった集合論とは，

前ページ：ドロシア・ロックバーン『スカラー（Scalar）』（1971年）。ペルーの遺跡を訪れた際に数学の集合論を連想し，原油を使って作品をつくり上げました。

何らかの対象（たとえば数）の集まりと別の集まりの関わり合い――交わり方など――を研究する分野です（集合論の詳細については54ページの「芸術の裏にある数学：集合論」を参照してください）。

1970年代の連作『黄金分割（Golden Sections）』では，黄金比の魅力が活かされました。黄金比とは，芸術作品や自然界のあらゆるところに見られる数で，調和や気品をもたらすものとされています（黄金比の詳細や構成法については38～39ページを参照してください）。

『コーパルVIII（Copal VIII）』という作品では，ブッチャーペーパーという用紙にコーパル樹脂を塗って折りたたみ，構造物がもつ黄金比の存在感を表現しています。そのほかのインスタレーション作品でも，ニス，絵の具，折り紙を素材に使い，長方形，三角形，菱形などで黄金比を形づくっています。一つの作品の中で思考，芸術，線画，数学のすべてを混ぜ合わせたことで，壮大で神秘的な雰囲気が生み出されました。

ロックバーンは，カナダのモントリオールで育ちました。その当時も数学は好きなほうでしたが，1950年に絵画を学ぶためにブラックマウンテンカレッジに入学し，そこで数学のとりこになったといいます。ブラックマウンテンカレッジは，ノースカロライナ州アシュビル郊外の山中にあった実験的な大学です。先見的な教育者によって設立され，進歩的な学生たちを惹きつけました。

「全員が全部を学ぶんです」とロックバーンは笑います。「全員」とは彼女自身，クラスメート，講師たちのことです。芸術家のロバート・ラウシェンバーグ（Robert Rauschenberg）やサイ・トゥオンブリー（Cy Twombly），音楽家のジョン・ケージ（John Cage），作家のベラ・D・ウィリアムズ（Vera D. Williams），学長を務めた詩人のチャールズ・オルソン（Charles Olson），建築家のバックミンスター・フラー（Buckminster Fuller）をはじめ，のちに第一線で活躍する著名人が数多く集まっていました。また，「全部」とは哲学，言語学，ダンス，数学，絵画，写真術をはじめ，ありとあらゆる事柄を指しています。ブラックマウンテンでは，授業はもちろん，畑仕事，大工仕事，調理場での皿洗いに至るまで，学生と教員が協力して学校を運営していました。

ロックバーンはここで数学者のマックス・デーン（Max Dehn）に出会い，ある意味，その指導によって芸術の方向性を見出すことになります。デーンは妻とともにナチスドイツからアメリカに逃れ，1945年にブラックマウンテンカレッジに数学教師として落ち着きました。ロックバーンはデーンのクラスに出席してみたものの，まったく理解することができず，デーンの高度な講義は自分には早すぎると告げたそうです。ところが，デーンは退出することを許しませんでした。そのまま履修するように説得されて，結局はロックバーンのほうが折れました。「芸術家のための数学を教えようじゃないか，そう言ってくれたんです」。

デーンは敷地内の森を散策しながら，自然を学ぶ手段として数学を教えました。自分を取り囲む自然のパターンは数学で読み解けること，植物の茎にはフィボナッチ数列（36～38ページ参照）のパターンに従って葉が配置されていること，その配置は黄金比に関係していること。「マックスの教え方はまるで，それらの数式を理解できれば宇宙全体を理解できる，とでもいわんばかりでした」とロックバーンは懐かしみます。「森羅万象を愛し，その仕組みを知りたい。そう思わない18歳なんていると思います？」

ロックバーンはこの指導に好奇心を掻き立てられて，位相幾何学や集合論などの数学書を借りては読みあさり，アンリ・ポアンカレの『科学と方法』やエドウィン・アボット・アボット（Edwin Abbott Abbott）の『フラットランド』に夢中になりました。昼間は絵画を学び，夜は数学を学ぶ毎日です。デーンの助けを借りながら「微分と積分を独学で学

ドロシア・ロックバーン『コーパルVIII（Copal VIII）』。その構造は黄金比からインスパイアされています。

びました」と話すロックバーンは，アートスクールの教科書には興味をもてず，小説には不満すら覚えていました。1972年に*Artforum*誌に掲載されたジェニファー・リヒト（Jennifer Licht）によるインタビューの中で，ロックバーンは次のように述べています。「小説を読むと，ほとんどの女性は仕事が遅いか，頭が悪いか，犠牲者として描写されていました。まったく共感できなくて，数学の本を読むようになりました」。

それから60年以上，数学への好奇心は膨らみ続けています。数学を「森羅万象の入り口」ととらえて，その分析的な世界を芸術によって称え，探り，楽しんできました。また，無限，集合，比率などのアイデアで芸術表現の幅を広げてきました。ロックバーンの作品名を見れば，数学の影響は一目瞭然です。共通部分，集合，変数の定義域，記号など，数学用語を冠した作品をいくつも発表しています。

2013年9月から2014年の初めにかけて，ニューヨーク近代美術館でロックバーンの回顧展が開催され，数学や科学からインスピレーションを受けた絵画や線画が多数展示されました。本章の冒頭に掲載した1971年制作の『スカラー（Scalar）』もその一つです（作品は50ページ，説明は51ページ参照）。厚紙でできた大きさの異なる長方形が不規則に積み重ねられていて，絵の具の代わりに原油を染みこ込ませて彩色されています。この作品も，アイデアの主軸は集合論でした。さまざまな大きさの長方形を隣り合わせつつも，境界をはっきりと分けることで，共通部分をもたない集合を表現しています。さらに，一部の図形の比率には黄金比が使われています。

ロックバーンにとって，芸術作品をつくり出す作業は，創作よりも翻訳に近いといいます。「自分の内にあるものを外に出して，物理的に見つめることが重要なんです。そうすると次に目を向けて，新しいことに取り組めるようになります」。この工程は，数学の証明に通じるところがあります。数学者は予想を確かめるため，定理を導くために証明を書きますが，まずは頭の中でアイデアを練り，それを具体的な形として示さなければなりません。

ここ数年，ロックバーンは次の分野に目を向けて，結び目理論をもとに作品を制作しています。結び目理論とは，ひもの結び目の分類や構造を研究する数学分野です。大抵は靴ひもについての退屈な話から始まり，15分もすると複雑になってきて，高次元のタングルについての問題に発展していきます。たとえば，「三次元の結び目は四次元では必ずほどける」「10次元の結び目はどのような図形か」といった問題です。結び目理論は，ほかの分野との関連も深く，素粒子から量子重力にまで応用されています。

ロックバーンの芸術の根底には，数学が存在しています。ただし，それに気がつく人は多くありません。制約があるのは仕方がないとしても，同じものを見てもらえないのは寂しいと言って，ロックバーンは次のように説明しました。「皆さんも同じ世界に来てくれたらいいのにと思います。本当に素晴らしい世界なんです。頭がおかしくなったんじゃありませんよ。すごいものを生み出している自負があるということです。毎日新しい大陸を発見しているのに，誰一人それに気づいてもくれない，そんな気分です」。

ロックバーンの代表作『変数の定義域（Domain of the Variable）』は大型のインスタレーション作品です。少し前からニューヨーク州ビーコンのDia（ナビスコ®の工場を改装した現代美術館）で長期展示されていますが，初めて公開されたのは1971年，ロックバーンが第2回目となる個展をニューヨークのギャラリーで開催したときでした。このオープニングイベントには，ブラックマウンテンのクラスメートで親友でもある芸術家のロバート・ラウシェンバーグも訪れていました。「ボブ（ロバートの愛称）はこう言っていました。君にとってこれは数学なのかもしれないが，僕はただ美しいと思うばかりだよ」。

■ ■ ■

芸術の裏にある数学：集合論

永遠に数え続けるには……

数学をあれこれ突っついていると，直観にそぐわない概念がたびたび飛び出してきます。そのなかでもとくに奇妙なのは，無限の概念ではないでしょうか。常識のようでありながら，常識を超えていて，自然界の必然的な成り行きのようでありながら，まったく不自然で不可解でもあります。本書を執筆しているときに，5歳の次男が自力で無限を発見し，こう聞いてきました。「ずうっと数え続けたらどうなるの？　もし100よりも，1000よりも，100万よりも先まで数えたとしたら？」わたしの答えは「どこまで行っても数え終わらないよ」。

いかにも父親らしい，退屈でありきたりな答えではありますが，最も正確な答えでもあります。数え終えることはできないのです。T・S・エリオットの詩『リトル・ギディング』に，よく引用される一節があります。「人は探求の果てに元の場所に戻る」。深い言葉だとは思いますが，もしもエリオットが数を1から順に数えていったとしたら，元の場所どころかはるか彼方に離れていったのではないでしょうか。ほかのどの数よりも大きく，決して到達できない数は，いつしか無限と呼ばれるようになりました。デイヴィッド・フォスター・ウォレス（David Foster Wallace）は，その著書『万物とそれ以上（Everything and More）』の中で，「無限ほど抽象的なものはない」と述べています。

無限を恐れた古代人

微分積分学の極限など，数学の表記法で無限を表すときには，記号∞が使われます。数字の8が寝転んだようなこの無限大の記号の形状は，レムニスケートとも呼ばれます。既知のどの数よりも大きい数を手軽に文字で伝えられるのは，無限という概念や記号があるおかげです。数学者ジョン・スティルウェル（John Stillwell）は著書『数学のあゆみ』の中で，「無限についての議論は数学の大きな特徴の一つであり，数学上の矛盾の主因でもある」と書いています。この矛盾は古代に端を発します。古代ギリシャ人は「無限を恐れて避けようとしたが，それこそが基盤となって，19世紀の微分積分学で無限が厳密に扱われることになった」のです。

ギリシャ人の恐れについては掘り下げませんが，人類は無限と向き合う中でギリシャ人と同じような生産的な恐怖心を抱き，好むと好まざるとにかかわらず，新しい冒険や開拓へと駆り立てられてきまし

素数の無限性

ユークリッドの著書『原論』では，無限の話題が巧みに避けられています。直線が「無限である」というべきところを，線分を「延長する」という言い回しを使って，言葉を定義せずに済ませているのです。素数が無限にあることを証明したのはユークリッドとされていますが，ユークリッド自身は無限については一切触れておらず，「最大の素数は存在しない」と言ったにすぎません。とはいえ，現代の人々からすれば「素数は無限に存在する」と言ったも同じです。

素数とは，1か自分自身でしか割り切れない，1より大きい自然数のことです。すべての自然数は，1か素数か合成数のいずれかに分けられます。合成数とは，二つ以上の素数の積のことです。ちなみに，1は特殊な数で，素数でも合成数でもありません。

素数の数列は「2，3，5，7，11，13，17，19，…」と始まり，無限に続きます。ユークリッドはそれをこんな風に証明しました。すべての素数のリストがあるとして，リストの最後の素数をPMAXと書くことにします。具体的な数はわからなくてよいので，最大の素数が「存在する」とだけ思ってください。すべての素数をリストアップすると「2，3，5，7，11，…，PMAX」となります。リストの途中の「…」は，その間のすべての素数が省略されているという意味です。

次に，リストの数をすべて掛け合わせ，それに1を足します。式で書くと次のようになります。

$$(2\times3\times5\times7\times11\times\cdots\times \mathrm{PMAX})+1$$

この計算から得られる数は，素数か合成数のどちらかになるはずです。素数であれば，もとのリストに含まれない素数が得られたことになりますし（この数はPMAXより大きい数なので），合成数であれば，もとのリストに含まれない素数で割り切れる数が得られたことになります（この数はリストのすべての数で割り切れないので）。どちらにしても，リストが不完全だという意味なので，最大の素数というものが存在しないことが証明されました。リストに含める素数を変えても結果は変わりません。したがって，素数は無限に存在します。

た。そこには理想主義と経験主義の衝突が起こります。完璧なプラトン立体（64ページ参照）と現実の模造品，知覚できる現実と概念的な現実，測定できる世界と思考の中の世界。無限はそうした根本的な矛盾や対立の只中で，両方の世界にまたがる問題です。だからこそ人類を混乱させるのです。

近代の数学的な視点で無限をとらえるのであれば，集合論と呼ばれる数学的な理論が必要になります。集合論とは，何らかの対象の集まりである集合を扱い，論理学とも複雑に絡み合った数学分野です。集合論を考えるときには，集合の要素の数が有限なのか無限なのか，またその個数が重視されます。ここで集合の要素の個数は濃度と呼ばれています。

たとえば，10未満の正の偶数の集合なら，{2, 4, 6, 8}のように書き表し，濃度は4です。20未満の正の平方数の集合なら，表記は{4, 9, 16}となり，濃度は3です。それでは，この二つの集合の共通部分は何でしょうか？　答えは{4}，その濃度は1です。

このような集合論の問いを繰り返していくと，無限の概念に行き着きます。自然数（1，2，3，…と数えられる数の全体）の濃度はいくらでしょうか？　聞き方を変えると，自然数は全部で何個あるでしょうか？

無限には大小がある

集合論の創始者といわれる数学者ゲオルク・カントールは，1845年にロシアで生まれ，人生の大半をドイツで過ごし，数学人生の大半を集合論の研究に捧げました。集合論は算術，数え上げ，数の間の関係などを取り扱う数学分野ですが，とくに，濃度の問題に正面から取り組めるようになったのはカントールの功績です。

カントールが見出した概念は，この150年間で最も厄介で，理解に苦しむものでした。無限集合には種類があり，種類によって濃度が異なる――つまり，無限には大小がある――というのです。無限の種類を表す数は「超限数」と呼ばれます。

カントールは，自然数の濃度をアレフヌルと名づけて，これを「$\aleph_0$」と表記しました。集合の濃度が$\aleph_0$の場合，その集合は可算無限集合と呼ばれます。集合の要素を数え上げられるという意味です。つまり，要素をある順序関係で並べて，位置をはっきりと定めることができます（ただし，無限なので数え終えることはできません）。

$\aleph_0$は自然数の濃度であり，整数の濃度でもあります。$\aleph_0$の集合はほかにも多数存在します。ここからちょっとだけ頭を働かせていきましょう。ある集合と自然数の濃度が同じかどうかは，誰でも確かめることができます。二つの有限集合に含まれる要素の個数を調べるのであれば，ただ数えればよいだけなので簡単です。ところが，無限集合ではそう単純にいかないので，個数を数える代わりに1対1対応という概念を用います。

1対1対応とは，集合同士の仲立ちのようなものです。ある集合から要素を一つ取り出し，別の集合の中で対応する要素を見つけます。それぞれの集合のすべての要素に対し，必ず一つずつ異なる対応先がつくれる場合，二つの集合には1対1対応が存在します。この方法を用いれば，有限集合でも無限集合でも濃度を比較することができます。たとえば，テレビドラマ『ゆかいなブレディー家』の息子たちと娘たちで1対1対応を調べてみると，グレッグとマーシャ，ピーターとジャン，ボビーとシンディという対応関係がつくれます。息子の集合と娘の集合が同じ濃度をもつことも，この1対1対応から証明できます。もしも試してみたければの話ですが。

自然数の全体を書き表す場合，小さい数からただ並べるだけなので，うっかり数を飛ばしてしまうこともないはずです。自然数と濃度が同じかどうかを調べてみるなら，自然数と似たような並び方の集合を使うとよいでしょう。ここでは偶数だけの集合を使ってみます。次のように，偶数を小さい順に並べて，自然数のリストと比べます。

偶数：	2	4	6	8	10	12…
自然数：	1	2	3	4	5	6…

自然数の各要素には対応する偶数の要素が一つだけあり，偶数の各要素にも対応する自然数の要素が一つだけあるので，二つの集合には1対1対応が存在することになります。言い換えると，二つの集合の濃度は同じということであり，したがって，偶数の個数と自然数の個数は同じということです。この事実はすぐには腑に落ちないかもしれませんが，ここから$\aleph_0 \div 2$も$\aleph_0 \times 2$も答えは$\aleph_0$であるということが導かれます。

奇数の集合や負数の集合についても，偶数のときと同じやり方で，自然数の集合と同じ濃度をもつことを証明できます。また，正と負の数を合わせた集合についても，自然数の集合と次のような対応関係をつくることで，二つの集合が同じ濃度をもつことを証明できます。

正と負の数：

１　−１　２　−２　３　−３　４　−４…

自然数：

１　２　３　４　５　６　７　８…

こうしたカントールの証明によって，自然数と１対１対応にある集合は濃度が同じであること，つまり要素の個数が同じであることがわかり，数学的な確信をもって$\aleph_0+\aleph_0=\aleph_0$と言えるようになりました。カントールのアイデアを『99本のビール』の数え歌に取り入れれば，永遠にビールが減らない数学の歌だってつくれます。

$\aleph_0$本のビールが棚に
$\aleph_0$本のビール
１本降ろして回し飲み
棚には$\aleph_0$本のビール

連続体濃度

ところで，$\aleph_0$以外の超限数はどのようなものだと思いますか？　ここからは奇妙さが一層増していきます。

カントールは1874年に歴史的な論文を発表し，実数の濃度が$\aleph_0$でないことを示しました。別の種類の無限だというのです。実数には自然数はもちろん，それぞれの自然数の間にある数――思いつく限りのすべての分数と，小数点以下繰り返しがなく無限に数が続くすべての小数――が含まれています。皆が大好きな無理数のπは実数の一つですし，そのほかの無理数も，もちろんすべて実数です。

カントールは，実数と自然数に１対１対応が存在しないこと，したがって，この二つの集合は濃度が異なることを証明しました。ごく単純に説明してみましょう。自然数の中には連続する二つの数の間には数がありません。たとえば，２と３の間には自然数はありません。一方，実数の中ではどんな異なる二つの数の間にも必ず数が存在します。このことから，両者の間には対応関係をつくることができません。また，すべての実数を順番に並べて，自然数のような順序関係をつくることは不可能です。つまり実数全体を「1，2，3，…」のように整列して書き表すことはできません（この説明は証明ではないので注意してください。カントールの天才的でエレガントな証明をのぞき見した程度にすぎません。彼は「対角線論法」という証明法を使って，二つの集合の濃度が異なることを証明しました。基本的には，「実数は数え上げられないため，自然数と対応させられない」という証明です。ここでは詳しく解説しませんが，興味があればぜひ調べてみてください）。

カントールは，実数の濃度を文字$\mathfrak{c}$で表して，連続体濃度と名づけました。連続体濃度に超限数を割り当てることで，数学界にまったく新しい無限のとらえ方をもたらしたのです。カントールの研究は，無限には種類があって，大きさが異なるという衝撃的な概念につながりました。その発見はのちに，ノースカロライナ州の丘でのマックス・デーンとドロシア・ロックバーンの散策につながり，共通部分，黄金比，パターンについての会話につながりました。そして今も，ロックバーンの芸術を数十年にわたって前進させ続けています。

次ページ：メンガーのスポンジとは，オーストリア系アメリカ人の数学者カール・メンガー（Carl Menger）が1926年に発表した図形です。ゲオルク・カントールが考案したフラクタル集合の三次元バージョンともいえます。メンガーのスポンジは立方体からつくられます。まず立方体の各辺を３等分してスライスし，全部で27個の小さな立方体に分割したら，中心部の立方体と各面の中央の立方体を取り除きます。これで20個の小さな立方体が残ります。さらに，それぞれの小さな立方体を27個に分割し，中心部と中央の立方体を取り除く……という手順を無限に繰り返せば出来上がりです。この画像では，メンガーのスポンジから，曲がりくねった空想的な風景を描き出しています。

5

多くの顔をもつ幾何学

歴史上の思想家たちは，その分野を問わず，プラトン立体に超自然的な性格を見出してきました。プラトン立体は，宇宙の奥深い謎を隠しもっています。単純でありながら曖昧でもあり，人類が数千年かけても解き明かせない深遠な法則の上に形づくられています。間違いなく三次元に存在しながら，別次元にも兄弟をもち，人類を戸惑わせたり，楽しませたりしてきました。芸術家たちも，プラトン立体に心惹かれずにはいられません。幾何学の礎に思いをめぐらし，謎を探り，ひらめきを授かっています。

ジョージ・ハート

万人向けの数学アート

数学彫刻家のジョージ・ハート（George Hart）は，「幼稚園児は数学者がどういうものかを感覚的にわかっています」と言います。彼はニューヨーク州ストーニーブルックの自宅で取材に応じて，5歳や6歳の子どもたちと幾何学彫刻をつくる活動や，その楽しさについて語ってくれました。子どもたちは自分がやっていることを理解しているのかと尋ねると，「もちろん理解していますよ。遊びと実験を同時に楽しんでいます。好奇心が旺盛で，パターンに興味津々で，怖いもの知らずです。アイデアが浮かんだら，どうなるかをすぐに試します」。

ハートにとって，数学はパターンを見るための科学です。音楽，写真，建築，結晶の形状，地球の軌道上の動きなど，パターンはどこにでも見られます。大人が数学的に世界を見るには，まず理屈を学ばなければなりませんが，子どもは素直な目でごく自然に数学に入っていくことができます。その目も残念ながら年齢とともに失われてしまう，とハートは危惧しています。

ハートが定期的に開催している彫刻制作のワークショップでは，園児から大人までを数学の旅にいざない，位相幾何学，立体幾何学，ときには群論など，さまざ

前ページ：ジョージ・ハートの彫刻『チャンピー（Champy）』は，直径が4フィート（約1.2m）もある作品です。シャンプレーン湖に棲息する伝説の生き物に敬意を表して，30個の同じ部品で海竜の群れを表現しています。今の住処はバーモント州マンチェスターのバー・アンド・バートン・アカデミーです。

まな数学の景色を楽しみます（群論とは，パターンの構造を研究する数学分野です。この分野で有名なエヴァリスト・ガロアは，1832年に20歳の若さで，決闘によって命を落としました。群論の詳細については，181ページの「芸術の裏にある数学：群論」を参照してください）。

「数学は難しい……などと語られがちですが，数学の創造性や美しさを伝えるべきなんです」

――ジョージ・ハート

ハートは，こうした彫刻やワークショップを通じて，現在の数学教育に疑問を呈しています。「一般的な学校のカリキュラムでは，限られた単元を軽く流すだけです。数学は難しい，数学はつまらない，数学は拷問……などと語られがちですが，数学の創造性や美しさを伝えるべきなんです」。

ほとんどの人は，数学と聞くと，掛け算のドリルの繰り返しや，幾何学の定理の暗記を連想します。子どもたちは，数学の美しさ，エレガンス，不思議を知ることのないまま，学校教育を終えてしまいます。大学で初めてそうした面に触れるのでは手遅れです。もしも数学者予備軍がいたとしても，その手前で別の道を選んでしまうからです。

ハートは世界中の小中高校や大学を訪れては，講演やワークショップを行っています（この取材の前にも，ベトナムで5カ所の学校を回ってきたばかりとのことでした）。ワークショップの参加者は，グループで協力しながら，オリジナルの巨大な幾何学彫刻を組み立てます。長く残る本物の作品づくりを通して，チームワークと実践的な数学を同時に学ぶことができます。幼い参加者たちには，数学への先入観や苦手意識などあるはずもありません。

ハートは昔から目についたものを手当たり次第に材料にして，幾何学彫刻をつくり出していました。記憶にある最初の作品は，幼い頃に何千本ものつまようじでつくった，対称性をもつ奇妙な物体だといいます。ナイフ，フォーク，スプーン，CD，フロッピーディスク，鉛筆，クリップ，絵筆，歯ブラシなど，多種多様な材料で――すべてを同時に使ったわけではありませんが――三次元の芸術作品を制作してきました。そうした作品の大部分は，プラトン立体をもとにつくられています。プラトン立体とは，合同な正多角形を面として貼り合わせた5種類の立体図形のことです（詳細については，64ページの「芸術の裏にある数学：多面体の動物園」を参照してください）。

「何となく面白そうな数学的なものを見つけ，それを物質的なものに変えていく……というのがお決まりのやり方です」。ハートが彫刻制作を始めたのは，1990年代の初めでした。当時はニューヨーク州ロングアイランドのストーニーブルック大学で，通信理論と工学の教授をしていましたが，単なる趣味が高じて「一種の執着になっていきました」。

1999年には，ニューヨーク市のヴォーパルギャラリー（M・C・エッシャーの作品を展示したこともあるギャラリー）にハートの作品が置かれることになりました。「そこから意識が大きく変わり，彫刻家と名乗るようになりました」。

自宅兼スタジオの作業場には，研磨機やのこぎりがところ狭しと置かれているほか，レーザーカッターや3Dプリンターも備えられています。また，材料を支えたり，ねじったり，市販品ではできない加工を施すために，自作の道具もずらりと並べられています。

ハートの『チャンピー（Champy）』という彫刻（60ページ参照）は，巨大なウミヘビにちなんだ作品です。バーモント州とニューヨーク州の州境に横たわるシャンプレーン湖には，濁った湖底をチャンピーが泳ぎ回っているという伝説があります。ハートは十数年前にこの作品を思いつき，まずはその紙版である『モンスター（Monsters）』を制作しました。展示依頼がくるまでは，自宅の棚に飾ってあったそうです。

最終的な作品は，幅が4フィート（約1.2m）もある彫刻になりました。彫刻を形づくる30個の木製の部品は，双頭の幸せそうなウミヘビをかたどっていて，口と手でつなぎ合わされています。部品はかたちも大きさもすべて同じです。組み上がった彫刻は30個の面をもち，菱形三十面体と呼ばれる多面体をもとに配置されています。各部品は5色に塗り分けられ，同じ色の6個がそれぞれ平行か垂直に配置されていますが，どれも互いに触れ合ってはいません。ハートはプラスチック製と木製のモデルを試作してから，バーモント州マンチェスターのバー・アンド・バートン・アカデミーの生徒たちに協力を仰ぎ，彫刻を完成させました。

『フラブジャス（Frabjous）』という作品（下の写真）は，ルイス・キャロルの『ジャバウォックの詩』に登場する単語から名づけられました。高さは11インチ（約28cm）で，アスペン材でできています。

ジョージ・ハートの彫刻『フラブジャス（Frabjous）』は，ルイス・キャロルの『ジャバウォックの詩』にちなんで名づけられました。

この作品は，彫刻でもあり，パズルでもあります。二つの穴をあけたS字型の部品を30個使って，複雑に組み立てられています。2012年のバーニングマン・フェスティバル――ネバダ州リノ市から北へ120マイル（約193km）の砂漠で開催――では，この彫刻の大型バージョンが展示されました。

ハートは子どもたちから数学への情熱を引き出していますが，自ら気づいてもらいたいとも考えています。ハートの彫刻を組み立てるには，材料にもよりますが，数万ドルの費用がかかってしまうこともあるそうです。公立学校の予算ではなかなかまかなえません。そこで，数年前から数学教師のエリザベス・ヒースフィールド（Elisabeth Heathfield）と共同で，低予算で参加できるプロジェクトを開発しています。この「数学の見える化（Making Math Visible）」プロジェクトは，教師たちに彫刻の設計図をダウンロードしてもらい，授業の予算内でつくってもらおうというものです。

また別の取り組みでも，ハートは先頭に立って数学の裾野を広げようとしています。アメリカで唯一の数学専門の博物館の設立に携わり，5年がかりで展示内容やデザインを検討しました。この国立数学博物館は，2012年にニューヨーク市にオープンし，これまでに50万人以上が訪れています。

ハートの夢は，数学博物館をきっかけに，数学の「一般化」という流れが起こり，数学が言語のように普及していくことです。ハートはヒースフィールドと数学センターの国際ネットワークも構想しています。図書館のように誰もが利用できて，交流したり，数学を学んだり，アイデアを共有できる場になる予定です。

芸術の裏にある数学：多面体の動物園

五大多面体と仲間たち，原論，神の力，多種多様な星型多面体

プラトン立体とも呼ばれる正多面体は，三次元に5種類しか存在しない特別な図形です。6面の正方形でできた立方体，4面の正三角形でできた正四面体，8面の正三角形でできた正八面体，20面の正三角形でできた正二十面体，12面の正五角形でできた正十二面体。この五つがプラトン立体と呼ばれています。

それぞれのかたちは，次のとおりです。

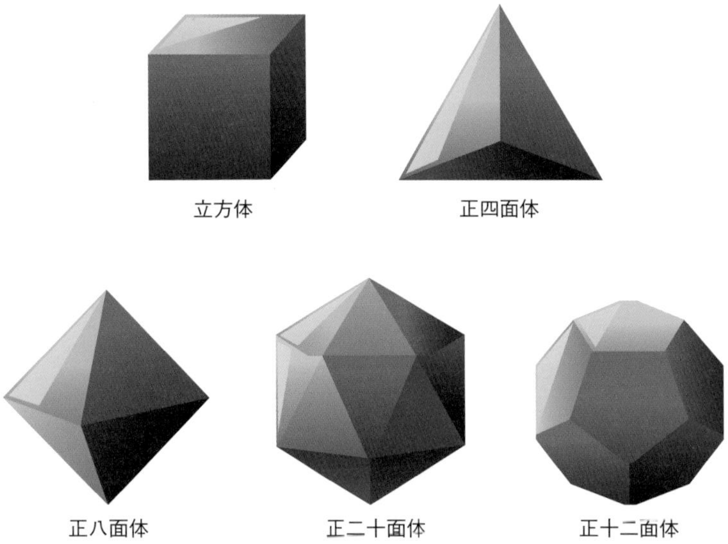

プラトン立体のCG画像

人類は，何千年も昔からこの五つの図形を賛美し，分析し，加工し，神格化までしてきました。それほどまでに特別視されるのは，ある二つの条件を満たす窪みのない多面体が，プラトン立体だけだからです。一つ目の条件は，すべての面が合同な正多角形であること（大きさとかたちが等しいことを合同といいます）。二つ目は，すべての頂点に同数の面が集まっていることです。

紀元前360年頃，古代ギリシャの天文学者プラトンが著作『ティマイオス』の中で紹介したことから，プラトン立体と呼ばれるようになりましたが，こうした図形を認識していたのは古代ギリシャ人だけではありません。たとえばスコットランドでは，正多面体のかたちに削られた野球ボールほどの石が発見されていて，プラトンより1000年以上前の古代文明で知られていた可能性を示しています。

ただし，この説には疑問の余地もあります。数百個の石玉が発見されたのですが，プラトン立体を思わせる突起は数個にしか見られないため，パターンに特別な意味などなく，たまたま正多面体になっただけとも考えられています。ちなみに，石玉の用途はわかっていません。はたして芸術作品だったのか？　ボッチーかボウリングの球だったのか？　イギリスのオックスフォードにあるアシュモレアン博物館に行けば，5個の石玉を実際に見てみることができます。

プラトンは五つの図形を紹介しただけではなく，神の創造物としてあがめていました。四つの図形を四つの基本元素と関連づけて，正四面体を火，立方体を地，正二十面体を水，正八面体を風に対応させました。正十二面体については，『ティマイオス』に「神はこれを宇宙全体として用い，この上に模様を縫い込んでいった」と書いています。

ユークリッドは『原論』の中で，プラトン立体が5種類以外に存在し得ないことを証明しました。正多面体をつくるときには複数の多角形をつなぎ合わせます。このときに辺同士が接し合い，頂点同士が集まっていなければなりませんが，その条件を満たせる方法は5種類しかない，というのがユークリッドの論法です。三次元ではそのとおりですが，面白いことに，四次元には6種類のプラトン立体（四次元バージョンの正多面体）が存在しています。それでいて，五次元やそれ以上の高次元には3種類しか存在していません。

プラトンは五つの図形を神の造形と関連づけましたが，ドイツの数学者・物理学者ヨハネス・ケプラーも同じような思想をもっていました。ケプラーは1596年に24歳の若さで『宇宙の神秘』（1982年，工作舎）を出版し，神がプラトン立体から太陽系を構築した方法について記しています（この学術書は，一般的に『宇宙の神秘』と呼ばれますが，正式名は『5種の幾何学的正多面体により解明される，天球の偉大なる比率に関わる，かつ，天体の数，等級および周期運動を決定づける真の理由に関わる，宇宙の神秘を対象とした，宇宙論に関する先駆的論文』です。『宇宙の神秘』と呼びたくなるのも当然です）。

その当時，惑星はまだ6個しか発見されていませんでした。なぜ惑星が6個なのか，なぜその軌道の間隔で太陽を周回するのかなど，ケプラーは疑問を抱き続けていました。それに答えを示したのがプラトン立体です。まったくの偶然だったにしろ，創造性のたまものだったにしろ，ケプラーは軌道と正多面体の関連を証明してしまったのです。

各正多面体を覆うような球体を思い浮かべてみてください。特定の構造――一見不規則なようですが――に基づいて，それぞれの球体の中に正多面体を入れ子状に収めると，正多面体の間隔と惑星軌道の間隔が同じ比率となる幾何学形状にたどり着きます。

図で表すと下のようになります（このモデルで美しいパンチボウルがつくれる……とケプラー自身が思ったそうです）。

「地球の軌道がすべての基準となる。地球に正十二面体を外接させると，その円は火星の軌道と一致する。火星に正四面体を外接させると……」とケプラーは著書で主張します。「これこそが惑星の数の理由である」。

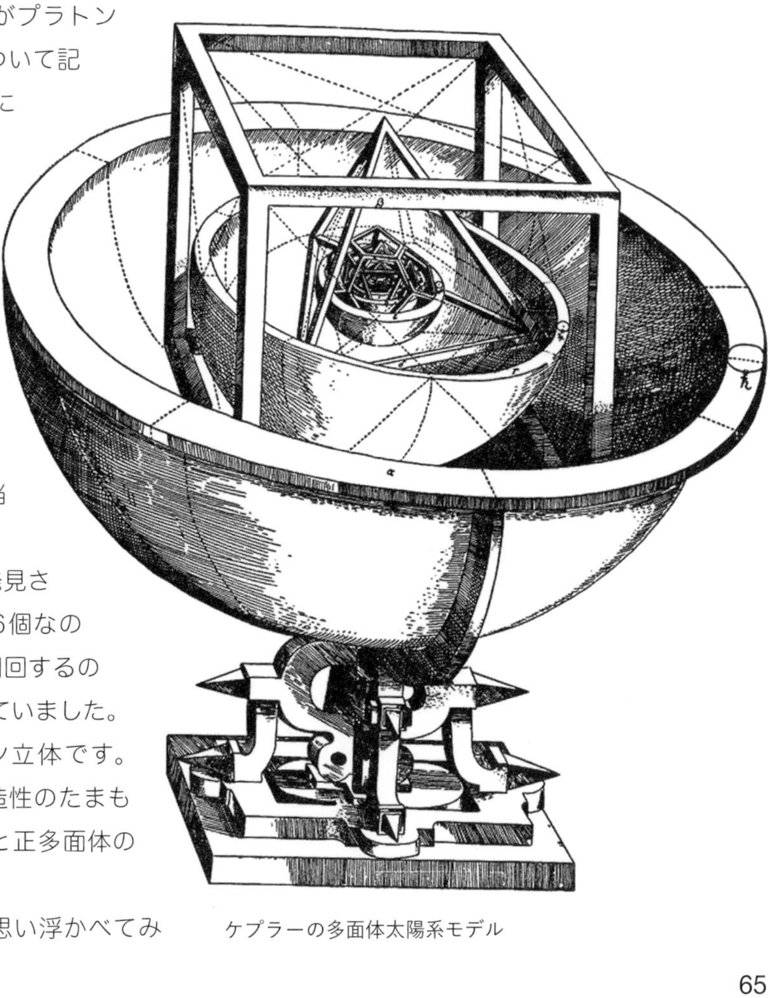

ケプラーの多面体太陽系モデル

プラトン立体と惑星軌道はもちろんのこと，自然界のすべての比率は神によって決められているとケプラーは信じていました。1621年に重版された『宇宙の神秘』の中で，ケプラーは次のように書いています。「自然界の事象が数学に端を発しているのは，創造主である神が数学とともにあり，その素朴で神聖な抽象性に伴う永遠性を，あるいは量そのものを原型としたためである」。

ケプラーの調査は，あらゆる点で宗教的な探求でもありました。しかし，ボストン大学の天文学者ケニス・ブレッヒャー（Kenneth Brecher）の2011年の論文によれば，『宇宙の神秘』は科学的調査の重要な転換点になりましたが，それはケプラーの意図とは別の意味においてでした。ケプラーは，惑星の配置の意味を知ろうとして，観察の領域を超えて数学の因果性に踏み込みました。多面体のモデルをうまく調整し，惑星軌道におおむね一致させましたが，どう好意的に見ても，偶然の一致にすぎません。科学史学者オーウェン・ギンガリッチ（Owen Gingerich）は，1979年に発表したケプラーの伝記の中で，「その後の科学の方向性にこれほどの影響を与えながら，これほどの誤りがある書物など歴史上例がない」と書いています。

数学者たちは，プラトン立体を増やせないものかと，何世紀にもわたって研究してきました。たとえば，正多面体を星型化するという方法があります。まず任意の面を一つ選んで，それに隣接する各面を互いに交わるまで延長します。この操作をすべての面に施すと，星型多面体をつくることができます。その一つである星型八面体は，このページの右上にある図のようなかたちです。ケプラーはこれを「ステラ・オクタンギュラ」と呼んでいました。

また，アルキメデスの立体と呼ばれる多面体もあります。こちらは全部で13種類です（次ページ参照）。アルキメデスの立体の場合，辺の長さはすべて同じですが，面は2種類以上の正多角形で構成されています。プラトン立体と同じように対称性がきわめて高いので，群論や結晶形状などの研究に役立てられています。

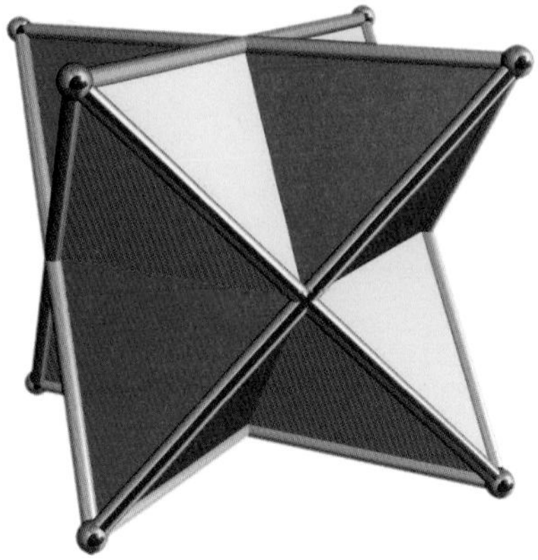

星型八面体

もしお望みであれば，アルキメデスの立体も星型化することができます。星型化の操作を施したアルキメデスの立体は，十二・十二面体や大二十・十二面体などの目がくらむほど複雑な図形になります（それぞれの英語名である「dodecadodecahedron」や「great icosidodecahedron」はややこしすぎるかもしれませんが，スクラブル®ゲームの公式辞書やスペルチェッカーにも載っている，れっきとした英単語です）。

芸術家たちは大昔からこうした図形に魅せられ，素材やモチーフとして取り入れてきました。あのレオナルド・ダ・ヴィンチも，ノートに多面体の落書きをしていたといいます（ちなみに，ダ・ヴィンチは幾何学を重視したことで知られています。立体を辺だけで描くことで内部を透けさせ，頂点のつながり方を見せる技法は，ダ・ヴィンチによって確立されました）。プラトン立体の魅力は何世紀も色あせることなく，ハートのような芸術家を惹きつけて，古典的なモチーフに新しい解釈を加えさせ，その永遠性を見せつけています。

アルキメデスの立体

切頂四面体

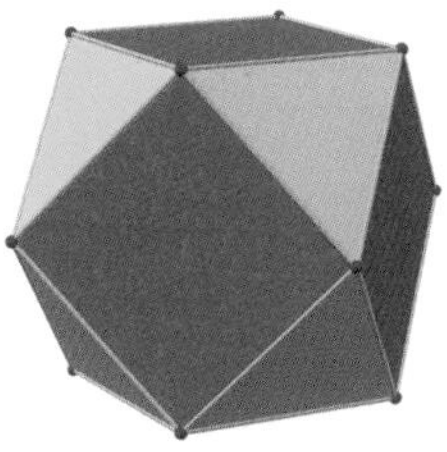

立方八面体
（斜方四・四面体）

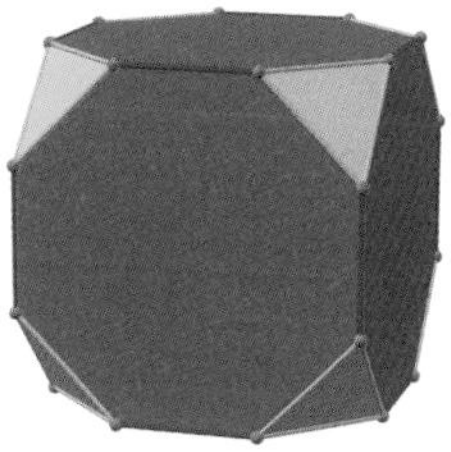

切頂立方体

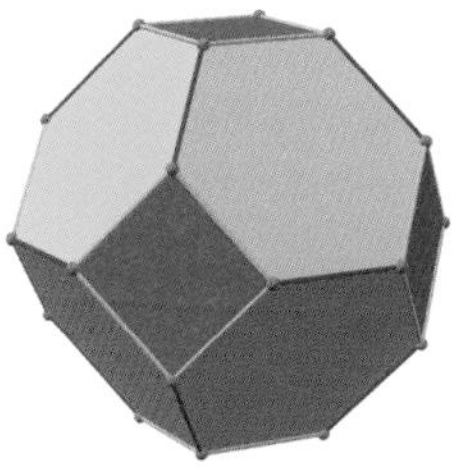

切頂八面体
（切頂四・四面体）

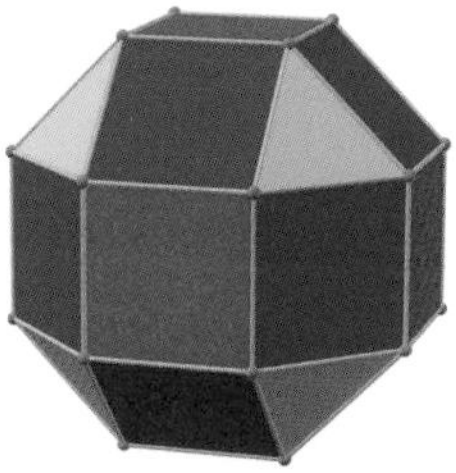

斜方立方八面体
（小菱形立方八面体）

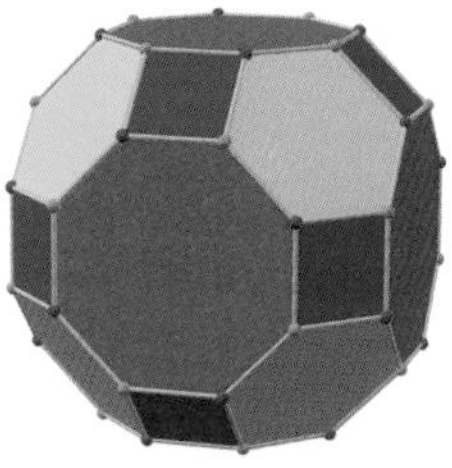

切頂立方八面体
（大菱形立方八面体）

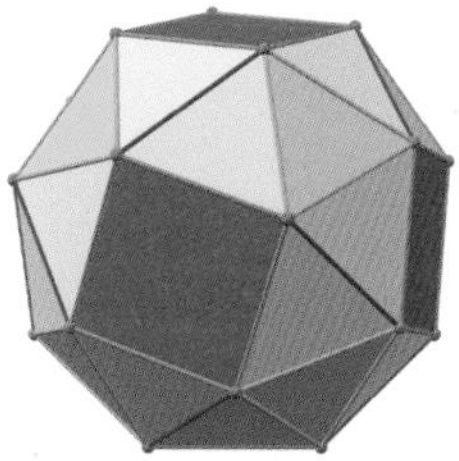

変形立方体
（変形立方八面体）

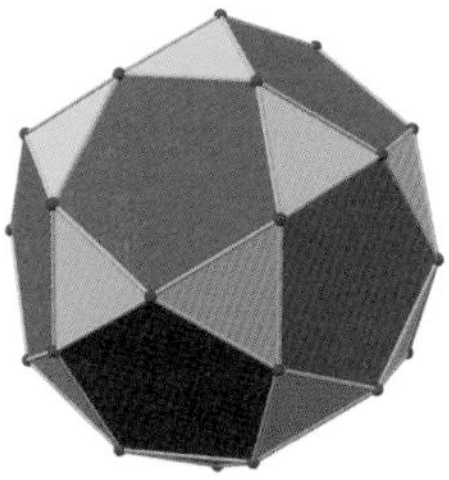

二十・十二面体

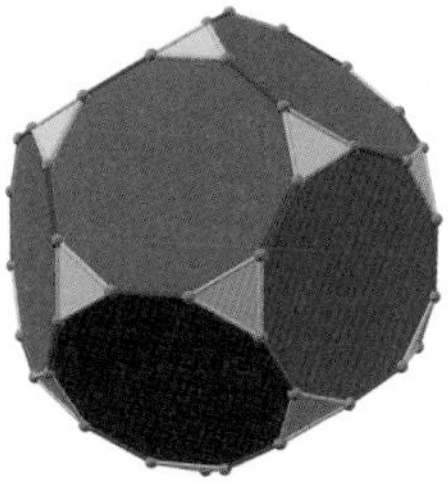

切頂十二面体

切頂二十面体

斜方二十・十二面体
（小菱形二十・十二面体）

切頂二十・十二面体
（大菱形二十・十二面体）

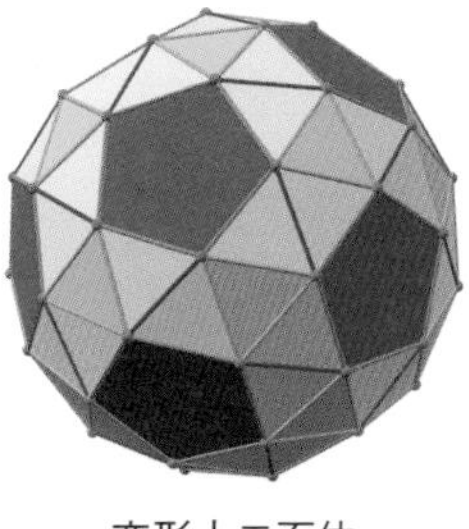

変形十二面体
（変形二十・十二面体）

第2部

不思議なかたち

一般の人が空間と聞いてイメージするのは，部屋の中，宇宙空間，あるいはもっと広く三次元の空間全体でしょうか。一方，数学者は，方程式，行列，演算を使って自ら空間を定義し，触ったり曲げたりすることができます。第2部で紹介するのは，空間の充填《じゅうてん》（ヒラマン・ファーガソンの作品），空間の分割（バスシーバ・グロスマンの作品），一次元空間から二次元空間への変換といった，数学的なやり方で空間と戯れる作品です。

バスシーバ・グロスマン／ヒラマン・ファーガソン／ロバート・ファザウアー／メリンダ・グリーン／デイヴィッド・バックマン

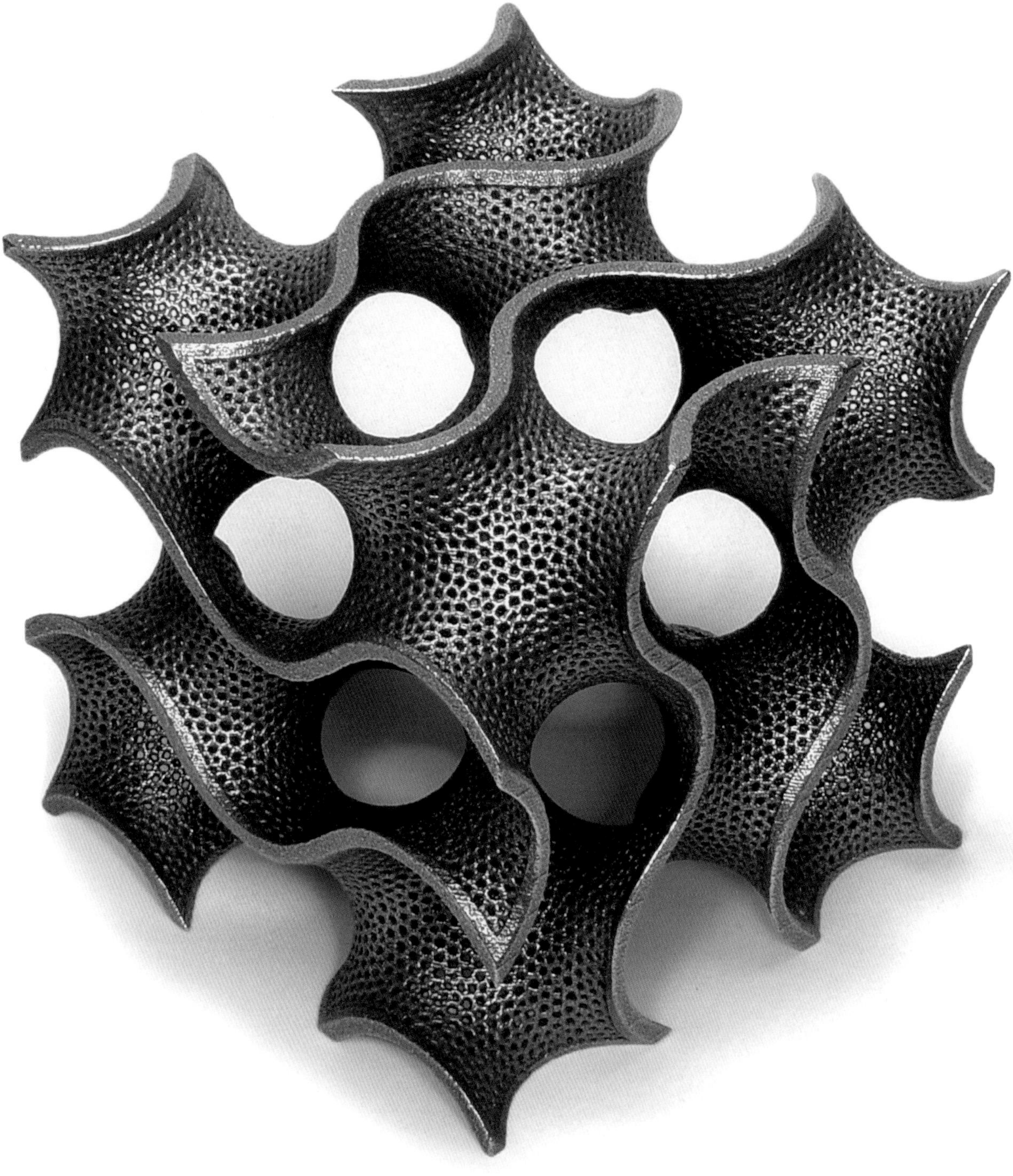

6

空間を超えて

彫刻家のアーウィン・ハウアー（Erwin Hauer）は，コネチカット州に自宅とスタジオを構えて，上下左右に繰り返す波のようなパターンの壁や間仕切りを制作していました。この壁に差した光は，波と戯れながら隙間を通り抜けていきます。ハウアーは，「モジュラー構成主義」という表現様式で知られる芸術家でした。作品の多くはコンクリートや石を素材とし，隙間のあいた連続的な曲面を描き出しています。

ハウアーは数学者ではありませんが，数学の言語を使いこなしていました。かつてのインタビューで，「数学にも右脳で処理できる部分があって，どういうわけだかそれを感じ取れるんです。右脳のほうがちょっと波が荒いんですがね」と話してくれたとおり，ハウアーの芸術は無限と対称性を奏でています。2017年の12月，ハウアーはこの世を去りました。筆者がハウアーと話したのは2012年のことでした。*PNAS*誌の記事の執筆中，3Dプリントを使ったアートのパイオニアにして数学彫刻家のバスシーバ・グロスマン（本章で詳しく紹介します）を取り上げることになり，グロスマンの恩師であるハウアーに取材を申し込んだのです。

ハウアーはグロスマンを「天才だと思う」と評価し，「彼女が数学的な知識を表現すると，正真正銘の彫刻となって現れる」と説明していました。グロスマンの作品には，繰り返せるかたちや，空間全体を埋めつくせるかたちが少なくありません。一方，ハウアーの作品は，四方八方に無限の広がりをもっています。そう考えると，二人の彫刻は，精神的には正統な親戚同士なのかもしれません。

バスシーバ・グロスマン

表現様式と対称性と……

バスシーバ・グロスマンがジャイロイド――前のページの曲がりくねった構造――に初めて出会ったのは，アトランタで1年おきに開催される「ギャザリング・

前ページ：バスシーバ・グロスマン『ジャイロイド（Gyroid）』。1960年代に物理学者アラン・シェーンによって発見された極小曲面がもとになっています。

フォー・ガードナー」の会場でした。マーチン・ガードナーを称えるそのイベントは，大勢のファンで賑わっていたといいます。ガードナーは，情熱とウイットとユーモアを兼ね備え，数学パズルを大いに愛した数学者であり，*Scientific American*誌に数十年にわたってコラムを連載したライターでもありました。2年に一度のイベントには，数学は楽しいというガードナーの信条に共感し，その生涯と作品に魅了された人々が，世界中から駆けつけます（ガードナー本人は，2010年に亡くなるまでに2回しか参加していません）。

2004年のこのイベントで，グロスマンはアラン・シェーン（Alan Schoen）に出会いました。風変わりな幾何学モデルづくりを趣味とする物理学者のシェーンは，1968年にジャイロイドを発見した人物です。ジャイロイドは数々の特殊な性質をもち，現在も解明に向けた研究が進められています（ジャイロイドの数学的性質，発見の経緯，観察事例などの詳細については，75ページの「芸術の裏にある数学：ジャイロイドに迷い込む」を参照してください）。

グロスマンは，シェーンの手づくりのモデルを見たとたん，自分でもつくりたいという思いにとりつかれました。それ以前から，Surface Evolverという新しいコンピュータープログラムで，いろいろと実験していたためです。Surface Evolverの開発者であるケン・ブラッケ（Ken Brakke）は，ペンシルベニア州セリンズグローブにあるサスケハナ大学で数学教授を務め，石けん膜などを研究しています。Surface Evolverは，言ってみれば数学者向けのシャボン玉設計ソフトウェアで，ジャイロイドは極端に複雑なシャボン玉のようなものです。Surface Evolverでは，任意の輪郭を入力して極小曲面（面積が最小となる曲面）を計算することができます。グロスマンは帰宅するやいなや，ジャイロイドのコンピューターモデルをつくり，その設計図をExOne社にもち込みました。当時，企業向けにスチール素材の3Dプリントを請け負っていた会社です。

これは，世間で3Dプリントがもてはやされる何年も前の出来事ですから，グロスマンが3Dプリントを使った数学アートのパイオニアと呼ばれるのもうなずけます。グロスマンは，マサチューセッツ州の作家一家に生まれました。母親は小説家，父親は詩人で，二人とも英文学教授ですし，弟のオースティン（Austin Grossman）とレヴ（Lev Grossman）も小説家です。レヴのファンタジー小説『マジシャンズ』シリーズはベストセラーとなり，ドラマ化もされています。「家族の異端児だったんですよ」とグロスマンは冗談めかして言います。「でも，わたしが作家にならないからって失望したりしませんでした。芸術でやっていければ，それで十分ですから」。

グロスマンは早くから物書きに向かないと気づき，コンピューターでのコーディングに才能を発揮していました。ところが，1980年代の後半にイェール大学に入学し，モジュラー構成主義で知られる彫刻家アーウィン・ハウアーの美術クラスを受講する中で，本当の天職を見出したのです。数学者になるつもりでクラスに入ったのに，彫刻家になって出てきたとグロスマンは笑います。今にして思えば，二人は出会うべくして出会ったのかもしれません。ハウアーは巧みなコンクリートの使い方で高い評価を受けています。コンクリートで光と影を切り離し，波のように繰り返す複雑なパターンを描き出したのです。数学を専門的に学んだことはありませんでしたが，数学者の心をもっていました。

グロスマンの作品はだいぶ小さく，素材もスチールではありますが，現実世界を数学的な厳密さで美しく分割することへの追求心は，ハウアーの作品と共通しています。「唯一の特技はコーディングでしたが，実物もつくってみたくなったんです」。

数学アート界の一員となったのは1992年，ナット・フリードマンがニューヨーク州立大学オールバニー校で開催した「アートと数学」というカンファレンスがきっかけでした。「M・C・エッシャーの講師なんて75人はいたと思います」とグロスマンが茶化すほど，数学アートの熱心な実践者ばかりが何十人も――グロスマンによれば約100人――参加していました。

1990年代の後半から2000年代の初頭にかけて，グロスマンはCAD（コンピューター支援設計）ソフトウェアを使って幾何学的立体のバーチャルな彫刻をつくっていました。そのコードを出力業者に送信すると，あっという間に試作品が「プリント」されるのです。それから10年以上が経った頃，図書館，高校，さらには自称クリエイターまで，誰もが3Dプリンターをもつようになりましたが，グロスマンの時代はまさに3Dプリントの夜明けでした。「長い間，未来をデザインしていました」。

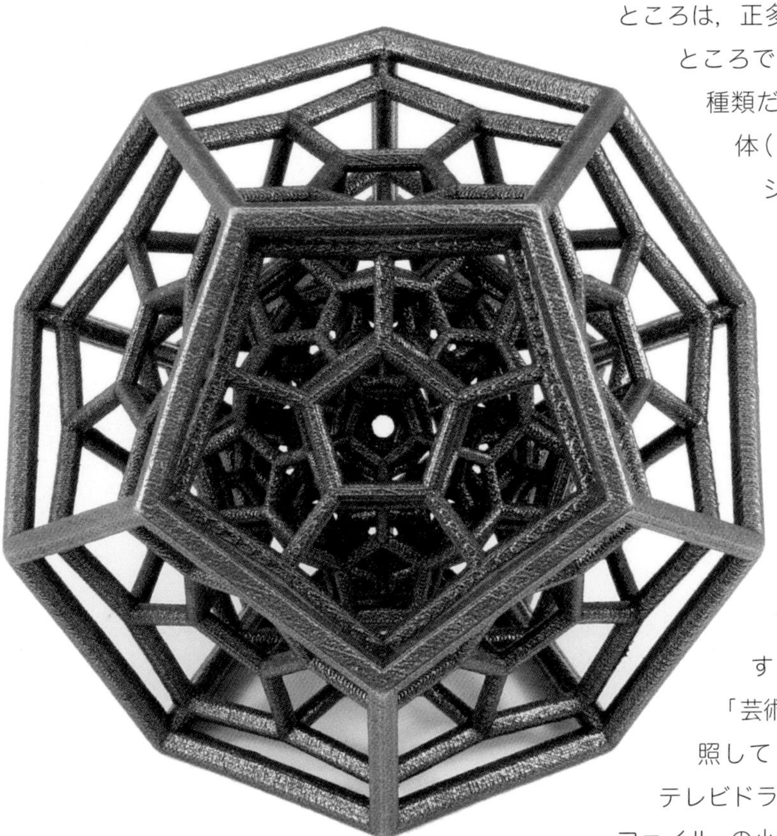

バスシーバ・グロスマンの彫刻『正百二十胞体（120-Cell）』は，「正百二十胞体（120個の正十二面体の面からなる四次元図形）を三次元に投影したらどうなるか？」という問題の解としてつくられました。

「長い間，未来をデザインしていました」

――バスシーバ・グロスマン

グロスマンの作品には，まじめな数学と気取らない雑貨が織り交ぜられていて，コアな数学者の心もライトな数学ファンの心もつかみます。下の作品は，グロスマンがつくった正百二十胞体です。正百二十胞体とは120個の正十二面体の「面」からなる四次元図形ですが，この作品ではそれが三次元に投影されています。「四次元空間のすばらしいところは，正多胞体（ポリトープ）が6種類もあるところです。三次元空間のプラトン立体は5種類だけなので」。もともと『正百二十胞体（120-Cell）』は，第5章で紹介したジョージ・ハートのアイデアでした。ほんの数年間ですが，ジョージ・ハートのデザインに特許使用料を支払い，彫刻にして販売していたことがあるのです。

グロスマンは，クラインの壺を模した栓抜きもデザインしています。クラインの壺とは，逆向きに反ったヤギの角のような数学的対象です。表と裏が一つの面なので，三次元空間で正確に表現することはできません（113ページの「芸術の裏にある数学：位相幾何学」を参照してください）。グロスマンの彫刻は，テレビドラマ『ナンバーズ：天才数学者の事件ファイル』の小道具に使われたり，数学関係の雑誌の記事にたびたび掲載されてきました。2007年には，*TIME*誌の「デザイン100」で，デザイン界で最も影響力のある芸術家，建築家，クリエイター

位相幾何学的なビンの開け方――バスシーバ・グロスマン『クラインの壺の栓抜き（Klein Bottle Opener）』。クラインの壺という向きつけ不可能な曲面を便利なキッチングッズにつくり替えました。

の一人に選ばれています。もう少し最近では，有機的形態も制作していました。生物的な特徴を取り込んだ不思議な幾何学図形には，触手をもつプラトン立体や，しっぽの生えた四次元多角形などの作品があります。数年前に，彼女は「その作品に共通する法則は，誰も買いたがらないことです」とこぼしていました。

また，Shapeways社に店舗を構えた最初の芸術家もグロスマンでした。Shapewaysは，3Dプリンターで注文どおりに造形してくれるサービスです。グロスマンは世の中の数年先を行っていましたが，それも長くは続きませんでした。マーケットプレイスの利用者が増えるにつれて，グロスマンの彫刻の人気も徐々に落ちていったのです。「今では100万人近いアーティストが参入していて，どんどん競争が厳しくなっています。わたしが思い描いていたのは，こんな未来じゃなかったんですが……」。

3Dプリンターの普及に伴って，CADの使い方や三次元のデザインに詳しい人が増えています。また，印刷可能なデザインを手軽にコピーし，共有できるようになりました。ジャイロイドの彫刻が欲しければ，グロスマンに代金を支払うまでもなく，自分でプリントすればよいわけです。金属素材の3Dプリントが安価になり，人気になるほど，ライバルが多くなり，グロスマンの家業は傾いていきます。

ですが，3Dプリントのデザインをあきらめたりはしていません。新しいタイプの彫刻をラインナップに加えることにしたのです。現在は，マサチューセッツ州サマービルの自宅にレーザー彫刻機を備えて，ガラスの立体の内側に「線画」を描き込んでいます。天の川のモデル，細胞の機能をつかさどる生体タンパク質，カフェイン分子の化学構造，スローン・デジタル・スカイ・サーベイで作成された宇宙など，すでに多数のレーザー彫刻が生み出されています。

バスシーバ・グロスマン『メタトロン（Metatron）』。6面の正方形と8面の正三角形でできた立方八面体から着想し，この作品をつくり出しました。

芸術の裏にある数学：ジャイロイドに迷い込む

極小曲面とケチャップの秘密

ジャイロイドと呼ばれる図形（70ページ参照）は，バスシーバ・グロスマンによって世の中に広められました。少なくとも数年の間（まれに今でも），大手の雑誌に数学記事が掲載される際には，必ずといってよいほどグロスマンのジャイロイドの写真が添えられていたものです。いかにも数学の具現化といった風情も，人気の理由の一つでしょう。複雑だけれども魅惑的で，迷い込んだら出られない迷路のようで，まさに数学そのものです。

しかし，ジャイロイドの魅力は見た目だけではありません。奥の深い生い立ちがあり，充実した今があります。自然界の構成要素の一つであるジャイロイドは，将来消えてしまうこともありません。

精巧なシャボン玉

ジャイロイドの物語は，1960年代後半に始まります。当時のアメリカ航空宇宙局（NASA）には，電子工学研究センターと呼ばれる施設があり，政治論争の的となりながらも，マサチューセッツ州ケンブリッジのマッチ箱のような細長いビルで，ひっそりと運営されていました。道路を挟んだ向かい側にはマサチューセッツ工科大学のキャンパスが広がり，主要な校舎が立ち並んでいます。その研究センターの科学は，SFと紙一重でした。宇宙空間の星々のデータがホログラムとして保存され，遠く離れた宇宙船との新しい通信手段が開発されている中，研究者の一人で物理学者のアラン・シェーンだけは，別の切り口で空間と戯れていたようです。

シェーンは学生時代から，ちょっとした変わり者でした。博士論文のテーマにランダムウォークと拡散――液体中を浮遊する粒子の動きに関する研究――を選ぶと，多面体にのめり込んでいきました。多面体とは，平面に囲まれた立体図形のことです。シェーンがとくに熱中したのは，石けん，木材，紙などを使った多面体モデルの製作でした。シェーンは，当時を振り返って「論文の指導教官は見下すような態度で接する人でした」と語ります。「幼いケプラーなんてあだ名をつけられましたよ」。

この論文をきっかけに，シェーンは「極小曲面」の研究を始めます。極小曲面は「石けん膜」を表す数学用語ですが，名前は大げさでも，つくるのは簡単です。ワイヤーハンガーをねじって，切れ目のない輪をつくったら，それを石けん液に浸し，そっと取り出してじっと眺めましょう。枠の中に揺らめいて消えそうな透明の膜が張っていたら，それが極小曲面です。科学的に説明すると，表面張力ができるだけ小さくなる曲面のことで，誰も跳ねていないトランポリンの布地のように緩んでいる状態ともいえます。特定の境界をもつ極小曲面は（少なくとも局所的には）面積が最も小さくなります。

針金を円形にねじって石けん液に浸したときには，丸い平面状の薄膜として極小曲面が現れますが，針金をうまくねじれば三次元の極小曲面をつくることもできます（針金細工の達人でない限りは，三次元での針金づくりでつまずくことでしょう）。数学の方程式や可視化ソフトウェアを駆使すれば，さらに高次元の曲面を研究することも，描画することも可能です。

極小曲面の性質は，300年以上かけて，少しずつ解明されています。たとえば，三次元の石けん膜は，一定の体積を包みながら面積が最小になるかたちをとります。言い方を変えると，一定の面積でできるだけ大きい体積を包んだ曲面の形状が，シャボン玉のかたちです。また，石けんの結晶構造が極小曲面であることは，イタリアの物理学者ヴィットリオ・ルザッティ（Vittorio Luzzati）によって，1966年に解明されました。これはきわめて重要な出来事だったとシェーンは訴えます。「その発見のおかげで初めて，石けんは極小曲面をモデル化するための単なる媒介ではなく，自然そのものによって極小曲面のかたちに彫り出された物質だと明らかになったんです」。

闖入《ちんにゅう》者のあり得ない発見

1960年代に話を戻すと，当時のシェーンは石けんを使っていませんでした。薄い紙でできたモデルや型どりしたプラスチックのモデルを使い，黒板を方程式で埋めつくしながら，周期極小曲面を探し出そうとしていたのです。「周期」というと誤解しがちですが，単に，曲面が基本的な形状の繰り返しでできているという意味です。

1968年のバレンタインデーのこと，シェーンはある発見で数学界に永遠に名を刻むことになりました。紙でつくった極小曲面のモデルを調べていたときに，見たことも聞いたこともない形状に行き当たったのです。シェーンはこれに想像力が及ぶ限りの荘厳な名前をつけました。その名もジャイロイドです。ちなみに，昔ながらの曲面には難解で曖昧な名前がつけられていますが，ここでは触れないことにします。そうしているうちに，NASAの上官がシェーンの研究に眉をひそめているという噂が届くようになりました。シェーンは自身のウェブサイト（schoengeometry.com）にこの発見を詳しくまとめ，「『シャボン玉で遊んでいる』ことを一部の上官が懸念していると聞かされた」と書いています。

ジャイロイドは少々ひねくれているので，そう簡単には理解できません。この形状を目の前にすると，誰もがこれは何なのかと首をかしげ，つい何分も見入ってしまいます。数学的な観点で言えば，ジャイロイドの魅力は三次元周期性（三次元方向に繰り返す性質）にあります。まるで迷路のように，うねりながらずっとつながったトンネルを形づくります。

シェーンの発見は数学界に衝撃を与えましたが，それには二つの理由があります。一つ目は，1883年を最後に新しい三次元周期極小曲面が発見されておらず，それ以上は存在しないと信じられていたことです。二つ目は，そもそもシェーンが数学者ではないということです。好奇心旺盛な物埋学者が，暇を見つけては，幾何学図形を夢中でいじっていただけだったのです。シェーンの天才ぶりは，ウェス・アンダーソンの映画で描かれた数学の天才を思わせます。シェーンはクラリネットをたしなみ，地元のイリノイ州カーボンデールでジャズバンドを組んでいて，自宅で演奏会を開いています。さらに，幾何学図形の解説を中心とした『幾何学の屋根裏部屋（Geometry Garret）』というウェブサイトも運営しています。

シェーンは自身の取り組み方について，「いつも迷子ですよ」とあくまで謙虚です。「いや，暗中模索と言うべきかな。手探りでいろいろな手法を試しながら，極小曲面の動物園を広げていこうとしています」。その情熱に手法がついてこないため，彫り方を知らない彫刻家のような，方程式を解きたがらない数学者のような，微妙な位置にいるのだとシェーンは自らを分析します。

ジャイロイドの噂はケンブリッジを駆けめぐりました。「通りの向こうの超変人が面白い周期極小曲面を見つけたらしい，と大学で噂になったんです」。間もなくすると，マサチューセッツ大通りの向こうに夜な夜な科学者や芸術家が集まり，シェーンを一目見ようと覗き込むようになりました。数学者たちはというと，当初は無関心だったようです。

「最終的には数学者にも噂が伝わりました。アラン・シェーンという闖入者がいるらしい，専門家のくせに数学の学位はないらしい，物理的な手法が中心で，正当な研究で使うべき最低限の数学しか使わないらしい，という具合にね」。シェーンは次のように主張します。「間違ったやり方をしていたつもりはありません。問題を別の角度から見ていたというだけです。厳密な手法ではなかったかもしれませんが，考え方は正しかったと思っています」。

ジャイロイドは，ありとあらゆるところに存在します。たとえば2008年には，蝶の羽の不気味なきらめきが，ジャイロイド構造に起因することが確認されました。また別の研究によって，細胞を隔てる生体膜にジャイロイド構造が形成されていること，つまり，生命そのものの奥深くにジャイロイドが埋め込まれていることがわかっています。さらには，自己組織化高分子，光学素子，機械構造などの中にもジャイロイドが観察されています。では，遠く離れた宇宙空間ではどうでしょうか？　もちろん，宇宙にもジャイロイドは存在します。超新星爆発を起こした天体がブラックホールに崩壊しなかった場合，中性子星という高密度の残留物が形成されます。この中性子星の地殻には「核パスタ」と呼ばれる縮退物質が含まれていて，核パスタの変形の過程でジャイロイドのかたちをとると考えられているのです。

2004年には，情報工学者のグループが大規模なプログラミングプロジェクトを実施して，二つの物質間に存在し得る表面のうち，エネルギーが最小となる表面を特定しよう試みました。「驚くなかれ，またジャイロイドが飛び出しました」とシェーンはおどけ，高らかに笑います。このプロジェクトでは，もう一つ面白い発見がありました。ケチャップをかけようとしたときに，容器から流れ出てくるかと思うと止まったり，突然また出てきたり……という経験は誰にでもあると思います。あの動きの理由として，ケチャップが微小なジャイロイド構造をもっている可能性が報告されたのです。

シェーンの発見以降，強力なアルゴリズムによって，さまざまな幾何学形状を解析できるようになり，新しい三次元周期極小曲面が次々と発見されています。シェーンは，数十年にわたって極小曲面とジャイロイドを研究し続け，その秘密や用途を解明してきました。実は，その多くでサスケハナ大学のケン・ブラッケと共同研究を行っています。ブラッケが開発したソフトウェアのSurface Evolverは，バスシーバ・グロスマンのもとでも活躍し，質感のあるスチールやブロンズのジャイロイドを生み出しました。

■　■　■

7

選ばないことの帰結

数学的なアイデアを芸術にしたいときに，もしも適切な道具がなかったら，自分で発明してしまいましょう。ヒラマン・ファーガソン（Helaman Ferguson）は，まさにそれを実践し，石やブロンズといった永遠に残る素材を使って，数学的なアイデアを彫刻に昇華させています。

ヒラマン・ファーガソン

分別をわきまえない少年

ヒラマン・ファーガソンは，1940年代から1950年代までの幼少期をニュージャージー州で過ごし，石工を営む育ての親から，実用的で安定したものづくりを教え込まれました。自宅がある農家の敷地内で岩を彫り出しては，壁，家屋，煙突などの建て方を身につけていったのです。石を扱った経験そのものから永続性と創造性が養われ，意識の奥に刻み込まれて，生涯のこだわりになりました。

ファーガソン少年は，自分の手でものをつくり出すことが好きでした。それと同じくらい，数学にも魅力を感じていました。ところが，教師や大人たちは，彼を思ってこう言います。「芸術と科学は分けて考えなさい」「いつか片方を選ばなければならないときが来る」。ファーガソンは絵を描き，彫刻をつくり，微分し，積分し，両方を巧みにこなしていましたが，周りの考えは違っていました。芸術と科学は相容れない，二つの分野に重なる部分はない，一方を選べばもう一方を選ぶ余地はない，とファーガソンに言い聞かせたのです。*Notices of the American Mathematical Society*誌に発表したエッセイの中で，ファーガソンは子どもの頃に受けた忠告を思い返しています。

「科学を学んで，分別をわきまえる，それが身のためだ」と大人たちは諭そうとしました。「芸術家など食べていけないのだから」。

それでも，ファーガソンは選ぶということをしませんでした。

前ページ：ヒラマン・ファーガソン『アンビリック・トーラスNC（Umbilic Torus NC）』。表面に空間充填曲線を描いた環状体です。

現在のファーガソンは，白いあごひげを蓄え，メリーランド州に納屋のようなスタジオをもち，何十年も選ばずに生きてきた成果を垣間見せています。ファーガソンが「道具箱」と呼んでいる巨大な海上輸送用コンテナは，工具をいっぱいに詰め込むと，7tもの重さになるそうです。

数学者としてのファーガソンは，数と数の間に隠された関係を解き明かすべく，新たな手法を研究しています。彫刻家としてのファーガソンは，厳密な抽象性に実物のかたちを与えるべく，彫刻し，鍛《たん》造《ぞう》し，組み立てています。ファーガソンの言葉を借りれば，彫刻で数学を，数学で彫刻を祭り上げているのです。木材や石材を加工する際に組み上げたり削りとったりすることから，足し算と引き算は彫刻においても最も大事な工程だといえます。

ファーガソンは，ユタ州プロボのブリガムヤング大学で，数学科の終身教授として17年間教鞭をとりました。1970年代には，ユークリッドが『原論』で初めて用いた手法に基づいて，数の間にある関係を求める新しいアルゴリズムを共同開発しました。このアルゴリズムは，現在もさまざまな分野で応用されています。たとえばファーガソン本人は，彫刻から削りとる石の割合を決めるときに活用しています。

ファーガソンが試みているのは，揺らぐことのない数学の原理を表現することです。自然界の構造には，力強くエレガントで，時間を超越した原理が織り込まれています。それを芸術作品の中にも取り込もうとしているのです。この永遠性を伝える素材を探し求めた末に，花崗岩《かこうがん》という選択肢に落ち着きました（紙，粘土，ブロンズ，コンピューターコードなどで制作した作品もありますが）。地中から掘り起こされた巨大な岩の塊を使い，土の中で変わることなく過ごした何十億年もの歳月に思いをはせ，数学の美しさを写しとった彫刻へとつくり替えることで，その永遠性に敬意を表しています。

ファーガソンは，ユタ州のソルトレークシティで生まれました。3歳の頃，母親が雷に打たれて目の前で息を引きとり，ほどなくして，父親が第二次世界大戦で帰らぬ人となりました。アルゴリズムに触れたことすらない頃に，世界のプロセスが一変してしまった……ファーガソンが不死性にこだわる背景には，そんなやるせない思いがあるのかもしれません。ファーガソンは，数学の概念に彫刻という実物のかたちを与え，すべての人々に──数学を食わず嫌いしている人にも，子どもたちにも，専門家にも──体感してもらおうとしています。大半の人は，彫刻の奥にある数学を意識することはありませんが，ファーガソンはまったく気にとめていません。自らが思う数学の素晴らしさを表現したいだけなのです。

『アンビリック・トーラスNC（Umbilic Torus NC）』という彫刻（78ページ参照）は，高さ27イ

ヒラマン・ファーガソンの彫刻『アンビリック・トーラスSC（Umbilic Torus SC）』。ストーニーブルック大学に設置されています。

ンチ（約68.6cm）のブロンズの鋳造品です。ファーガソンは，これをそのまま巨大にして，高さ28フィート（約8.5m）もある『アンビリック・トーラスSC（Umbilic Torus SC）』をつくり上げました（前ページ参照）。この彫刻は，ニューヨーク州ロングアイランドのストーニーブルック大学に展示されています。彫刻自体の重さは65tで，直径25フィート（約7.6m）の花崗岩の土台に乗せられています。トーラスとは，ドーナツ型の図形のことです。トーラスの中央には穴があいていて，その穴を通過する直線を軸にした対称性をもっています。位相幾何学（伸び縮みするかたちの幾何学）について研究する数学者に言わせると，コーヒーカップは持ち手に穴があいているため，トーラスに分類されます。つまり，ドーナツを変形させるとコーヒーカップになり，コーヒーカップを変形させるとドーナツになるということです。新しい穴をあけるとか，部分的にはり合わせるといった，かたちを壊すようなことさえしなければ，ドーナツとコーヒーカップは同じものとみなされます。

位相幾何学の視点から見ると，人間の身体は，ごく自然に曲面と穴によってとらえることができます。大まかに言えば，1本の主経路が全身を貫いている人間の身体は，トーラスなのだとファーガソンは考えます。また，皮膚には正と負の曲率（平坦でない部分）が混在していて，凸面から凹面へと変わる鞍点《あんてん》がいくつも存在しています。たとえば，脇の下と膝の裏は負の曲率，肩は正の曲率をもっています。握手をする直前の手と手の間には，負の曲率をもつ空間が生じます。ファーガソンの彫刻『見えない握手（Invisible Handshake）』は，この空間を表現した作品です（右の写真）。

ファーガソンが『アンビリック・トーラスSC』を制作した目的は，気軽に触れたりよじ登ったりしてもらうことにありました。彫刻に登っている5歳くらいの子どもたちや，思い思いに彫刻を楽しんでいる人々を見ると，このうえない喜びを感じるといいます。とはいえ，彫刻に埋め込まれた数学的な意味を理解できれば，さらに深く味わえるようになるでしょう。ドーナツから削り出したようなこの形状は，表現論と呼ばれる分野（行列変換の群構造に関連する研究分野）に関わっています。実際，アンビリック・トーラスには，2次正則行列のなす群の表現が関係しています。

このトーラスの表面には，ペアノ＝ヒルベルト曲線と呼ばれるパターンが描かれています。イタリアの数学者ジュゼッペ・ペアノは，1890年に最初の空間充填曲線を発見──もしくは発明──しました。さらに，ドイツの数学者ダフィット・ヒルベルトは，ペアノの案をもとにして，1891年に独自の空間充填曲線を考案しました。それがペアノ＝ヒルベルト曲線です。空間充填曲線とは，1本だけで空

彫刻で遊ぶ未来の数学者たち。数学彫刻家のヒラマン・ファーガソンは，作品に手で触れて，体で感じ，よじ登ってもらいたいと訴えます。この『見えない握手（Invisible Handshake）』もそうした作品の一つです。

間全体を埋めつくした曲線です。たとえば，毛糸とのりと正方形のボール紙を使うなら，毛糸には一定の厚みがありますから，正方形を埋めつくすことなどわけもないでしょう。しかし，抽象化された数学の世界では，大変な問題になるのです。というのも，曲線は一次元，平面は二次元だからです。ペアノは曲線を効果的に使う方法を発見し，別の存在へと進化を遂げさせることで，次元の境界を越えさせました（空間充填曲線の詳細については，次のページの「芸術の裏にある数学：病的な曲線」を参照してください）。

『アンビリック・トーラス』のブロンズ部分に空間充填曲線を彫り込むには，特殊な工作機械が必要になります。作品のアイデアを思いついたものの，ファーガソンにはその加工を施せるような工作機械がありませんでした。一般的なフライス盤の切削工具は，前後の動きにしか対応していないため，思うような曲線を彫ることができないのです。そこで，ファーガソンはロボットアームのプログラムを書いて，特定の方向にしか動けない機械の代わりに，空間充填曲線の全体をなぞれる機械をつくり出しました。アームの先端にはダイヤモンド製の切刃を取りつけました。この機械に何万種類もの操作を覚え込ませるうえでも，やはり数学が欠かせませんでした。

フライス盤は，機械部品を加工するための工作機械です。「もともと美的な作業をする目的ではつくられていないんです」とファーガソンは話します。ところが，アームが実際に動き出し，フライス盤から美が生み出されるのを目の当たりにすると，機械技師たちの目が輝きました。「自分の中にある美的な感性に素直に反応したんです。それはすべての人の中にある，わたしはそう信じています」。

ヒラマン・ファーガソン『見えない握手（Invisible Handshake）』の制作風景

芸術の裏にある数学：病的な曲線

線分の探求

1890年，イタリアの数学者ジュゼッペ・ペアノは，数学の論理や基本法則の研究を重ねる中で，ある次元を別の次元に移す方法を発見しました。軽い調子で書きましたが，ペアノがそのとき発見したのは，そのわずか12年前に提起された数学の難問の答えとなる曲線でした。

ドイツの数学者ゲオルク・カントールは無限の概念を研究し，数学に革命を起こしたことで知られています。カントールは1878年に，任意の次元の任意のなめらかな曲面と，ほかのあらゆる次元のあらゆるなめらかな曲面は，含まれている点の個数が等しいことを証明しました（ここでは漠然と「個数」と書きましたが，この場合の個数とは無限集合に含まれる対象の個数，つまり超限数を指しています。この奇妙な概念の詳細については57ページを参照してください）。たとえば，球体と平面を考えてみましょう。カントールの論法を使えば，球体も平面も含まれている点の個数は同じであることが示せます。また，線分や立方体など曲面以外の場合についても同じことがいえます。

しかし，線分と正方形に含まれる点の個数が同じと言われたら，面食らう人も多いことでしょう。なにしろ，線分は一次元で正方形は二次元ですから，それが当然の反応です。線分を束にすると急に次元が上がるのでしょうか？　この次元の増加は一気に起きるのでしょうか？　それとも，小数単位で進むのでしょうか？　そもそも，小数や分数の次元とは何なのでしょう？

そのうえ，さらに悩ましい問題がありました。一体どうすれば次元を上げられるのでしょうか？　カントールの証明をどのように活かせば，0から1までの区間を入力すると内部が満たされた正方形を出力する……そんな関数を実際に構成できるのでしょうか？

曲線が無限に蛇行を繰り返すことで，正方形のすべての点を通ります。こうした曲線は「空間充填曲線」と呼ばれます。

次元をまたぐ写像

その際に必要となるのが，二つの図形の1対1対応と呼ばれる概念です（56ページ参照）。線分の各点が正方形内に広がる曲線の点に対応し，逆に正方形内に広がる曲線の各点も線分の点に対応する，ペアノが発見したのはこのような1対1対応でした。ペアノの手法を少しだけ単純化して，実際に確かめてみましょう。まずは，折れ曲がった線分からなる曲線と生成規則を用意します。生成規則とは，この曲線を変換する操作に使うものです。ペアノが描いたのは，正方形内の次のような曲線です。

次の段階では，この曲線を図形としてではなく，道としてとらえてみてください。その道に沿い，生成規則に則って曲線を変換します。具体的には，正方形を九つの領域に分割して，それぞれの領域に含まれる部分曲線をもとの曲線全体の縮小コピーと置き換えます。この段階のかたちは次のとおりです。

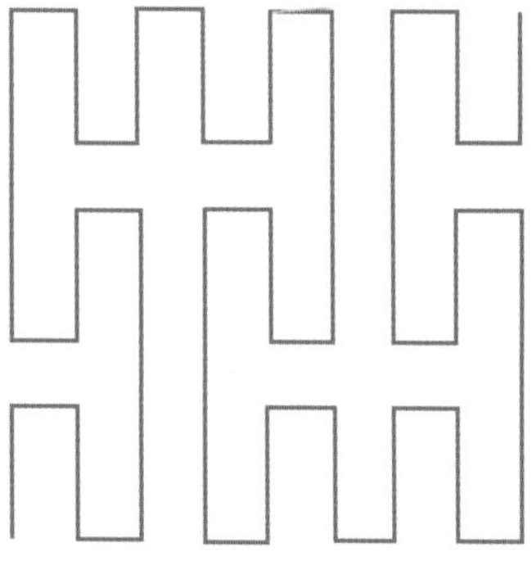

さらに前段階と同じ操作を繰り返せば，3段階目では次のような曲線になります。

ご覧のように，曲線が徐々に混み合ってきました。ペアノは，1980年に『Sur une courbe, qui remplit toute une aire plane（平坦な領域全体を埋めつくす曲線について）』という歴史的な論文を発表し，こうした操作を何段階も繰り返すことで図形を変換していく方法を提案しました。とはいうものの，この曲線の第一印象は「かなりの手間がかかりそう」ではありませんでしたか？　それに，「そんなこと信じない」とか「これで空間を埋めつくせるとは思えない」とも思ったのではないでしょうか。それもそのはずで，この段階ではどう見ても単なる曲線です。そこで，数学的な証明が威力を発揮します。

ペアノの証明によると，この操作を無限回繰り返すと，最終的には線分が正方形のすべての点を通ることになり，線分の外には一つの点も残されません。また，この線分は自分自身と接しています――これは避けられません――が，自分自身と交差することはありません。ペアノがこの方法を紹介して以来，多くの数学者が自分なりの空間充填曲線を考案しようと取り組んでいます。たとえば，ファーガソンの彫刻に取り込まれた空間充填曲線は，1891年にドイツの数学者ダフィット・ヒルベルトがペアノのアイデアをもとに考案したことから，ペアノ＝ヒルベルト曲線と呼ばれています。

空間充填曲線は，行儀の悪い曲線です。有限の領域に無限の長さの線分を含むことができたり，従来の方法では計算できない曲率をもっていたりと，

空間充填曲線のミニギャラリー

驚きのパラドックスを抱えています。そうした特異性から「病的な曲線」と呼ばれることもあります。

こうした曲線は抽象芸術みたいなもので，実用性はなさそうだと思うかもしれません。ところが近年では，細胞内のタンパク質のたたまれ方を研究するうえで，空間充填曲線は大きな役割を果たしています。テキサス州ヒューストンのベイラー医科大学で研究室を運営する数学者エレズ・リーバーマン・エイデン（Erez Lieberman Aiden）は，DNAに関する先駆的な研究を行い，細胞核の中で折りたたまれているDNAが，空間充填曲線を形づくっていると発表しました。現実世界版の空間充填曲線です。この研究成果を受け，ヒトゲノムの三次元構造が新しい視点で研究されるようになっています。

数学の概念を美的な表現へと高める数学アーティストにとって，次元の境界を越えた曲線は，尽きることのないインスピレーションの源です。カーロ・セクイン（Carlo Séquin）は，ブロンズを使い，三次元のヒルベルト曲線を表現しています（第17章を参照）。ロバート・ファザウアー（Robert Fathauer）とヘンリー・シーガーマン（Henry Segerman）は，3Dプリンターでヒルベルト曲線を描いた球体を共同制作しています。ファーガソンの彫刻『アンビリック・トーラス』（78ページと80ページに写真を掲載）では，空間充填曲線が単に飾りとして描かれているだけでなく，それが曲面を埋め尽くす曲線として機能しています。その彫刻は，立体であるにもかかわらず，当てもなくさまよい続ける1本の曲線でできているように思えてなりません。

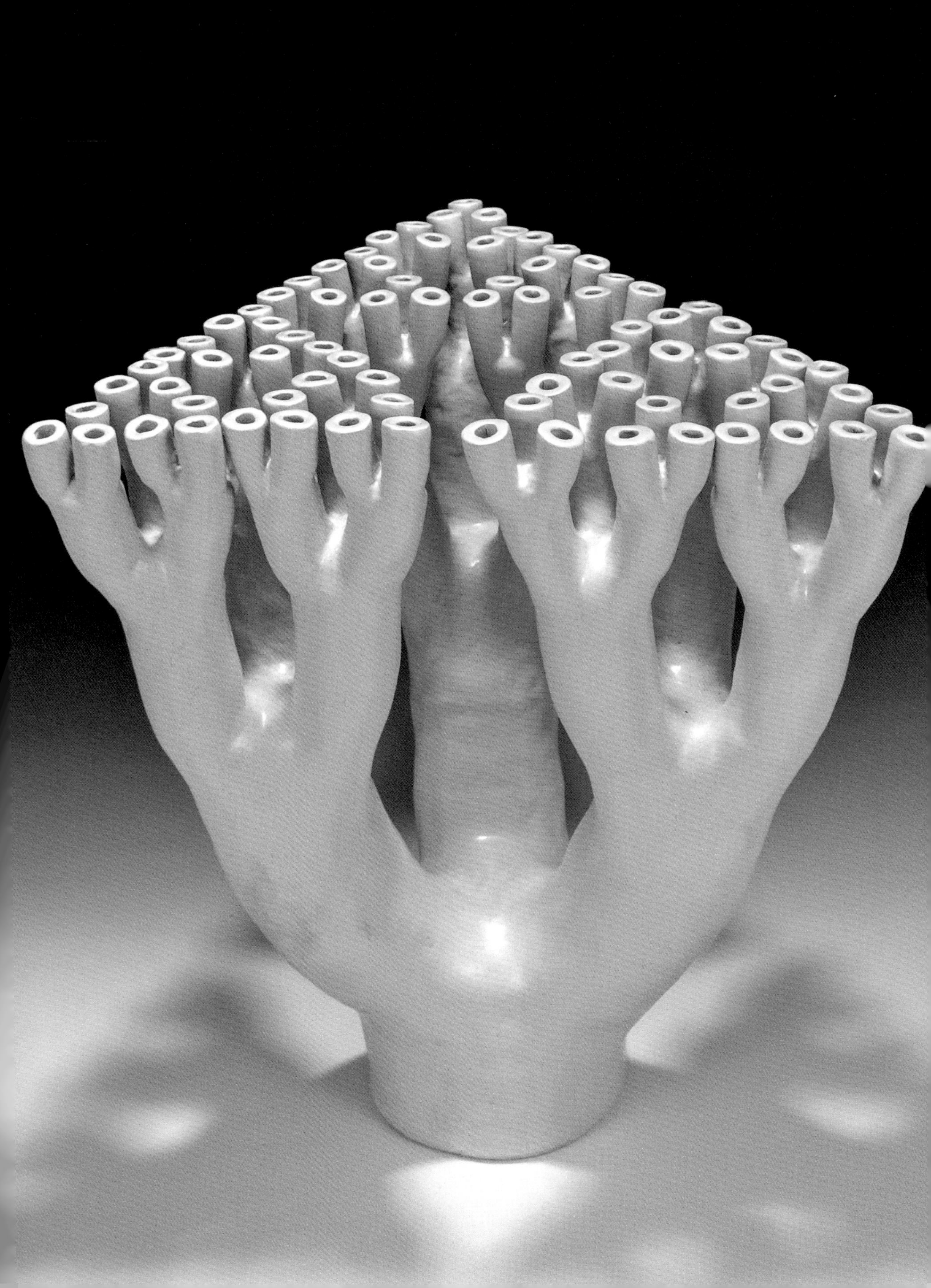

8

絡まりねじれたフラクタルの宇宙

フラクタルと呼ばれる種類のパターンは，無限の広がりをもち，数学者であろうとなかろうと想像力を掻き立てられずにはいられません。世界の中にさらなる世界があること，現実の中にさらなる現実があること。フラクタルはそれをほのめかしています。「フラクタルアート」には，デジタル制作の作品が多く，複雑な色彩とパターンが描き出されています。最近では，『ベイマックス』や『ドクター・ストレンジ』などの映画でも，空想世界がフラクタルを使ってモデル化されていました。

数学的なフラクタル研究は，自然界のパターンを観察することで発展してきました。数学アーティストは，この厳密な知識に基づいて，直接観察できない自然界のかたちをつくり出し，自然の存在にも超自然の存在にも見える摩訶不思議な作品を生み出します。

ロバート・ファザウアー

三角形の中の三角形の中の三角形の中の三角形の……

ロバート・ファザウアーは，広々としたコミュニティースタジオで彫刻作品を制作しています。アリゾナ州フェニックス都市圏郊外のメサにあるスタジオは，陶工やろくろ工などの芸術家で賑わっていますが，数学者の姿を見かけることはほとんどありません。

けれども，そんなことは大した問題ではないとファザウアーは話します。「数学ファンに一番人気の作品は，芸術ファンの間でも一番人気がありますし，数学を知らない陶芸家たちからの評判も上々です」。ファザウアーの一番人気のデザインとは，ノウサンゴ，ケールの縮れたふち，ウミウシなどに共通して見られるパターンです。そのデザインは幾何学の探求であり，言い換えるなら，現実の曲線の中にある不規則性を見出し，複雑なかたちの中にある美しさと対称性をめぐる旅なのです。

前ページ：ロバート・ファザウアーの『3分岐（Trifurcation）』は，分岐を4回繰り返すことで形づくられています。

ファザウアーが描き出すパターンはフラクタルと呼ばれ，どれだけ拡大しても同じかたちが現れるという特徴をもっています。これは自己相似性と呼ばれる性質です。「フラクタル」という言葉を考案したのは，フランス系アメリカ人の数学者ブノワ・マンデルブロ（Benoit Mandelbrot）でした。マンデルブロは，1975年に「小数（fraction）」の次元をもった曲線や形状を一言で表すために，「フラクタル（fractal）」という言葉を選びました（フラクタルの詳細については91ページの「芸術の裏にある数学：フラクタル」を参照してください。また，マンデルブロと彼にちなんだ有名なフラクタル図形については，「芸術の裏にある数学：フラクタル」と第9章を参照してください）。フラクタルは第7章で紹介した病的な曲線の一例で，線分のような基本図形をもとにしながら，きわめて行儀が悪いとみなされます。

フラクタルをじっくり観察したり，YouTubeでフラクタルのズーム動画を見たり，部屋にフラクタルのポスターを飾ったりして，その魅力を堪能している人は珍しくありません。あるいは，シンプルなソフトウェアやウェブアプリを使ってフラクタルをデザインしたり，海岸線や好きな曲線のフラクタル次元を計算するのもよいかもしれません。しかし，ファザウアーの観点はちょっと違います。この10年ほど粘土で作品をつくっているうちに，フラクタルを手で感じることを覚えたのです。

ファザウアーの作品『3分岐（Trifurcation）』（86ページ参照）は，一番下の円形の土台から三つの裂片に分岐しています。下から上に進んでいくと，三つの裂片のそれぞれがさらに三つに分かれていて，その先もまた三つに分かれています。一番上に現れるチューブの個数を調べる場合，単純に数えるのも一つの手ですが，ここでは数学を使って解いていきましょう。1回目の分岐では3個のチューブになり，2回目は3×3＝9なので9個になります。その9個がそれぞれ3個に分かれると27個になり，最後は27個がそれぞれ3個に分かれ，27×3＝81個のチューブが現れることになります。

この彫刻を上から見てみると，ファザウアーの手法で分岐させた先に，チューブが三角形に並んでいるのがわかります。大きな三角形の中に小さな三角形があり，小さな三角形の中にさらに小さな三角形があるのがわかるでしょうか。これがフラクタルの自己相似性です。この種類の自己相似性——三角形の中の三角形の中の三角形——を特徴とするフラクタルは，シェルピンスキーの三角形と呼ばれています。

その名前の由来でもある，20世紀のポーランドの数学者ヴァツワフ・シェルピンスキー（Wacław Sierpiński）は，いくつもの分野で数多くの功績を残し，700本以上の論文と50冊以上の書籍を出版しています。とくに尽力したのは集合論（第4章参照）の分野でしたが，数学を勉強していると，至るところでシェルピンスキーの名前に出くわすことと思います。シェルピンスキーの三角形は，シェルピンスキーのざるやシェルピンスキー・ギャスケット

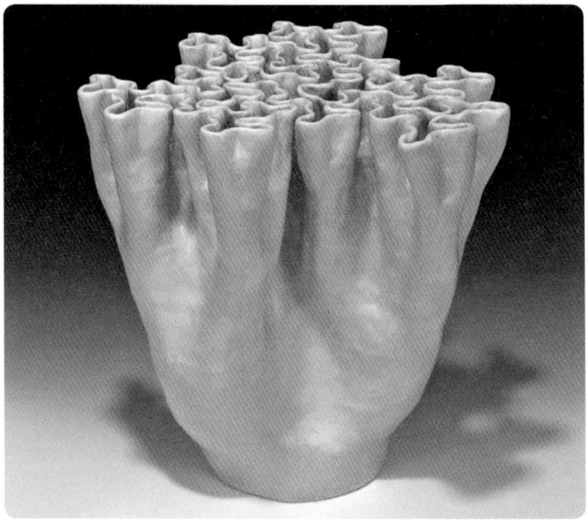

ロバート・ファザウアー『3倍展開（Three-Fold Development）』。円形の土台から上に向かって三つの裂片に分かれ，それぞれがさらに三つに分かれていくため，裂片の数は反復ごとに3倍ずつ増えていきます。そのかたちは，自然界のサンゴの構造を思い起こさせます。

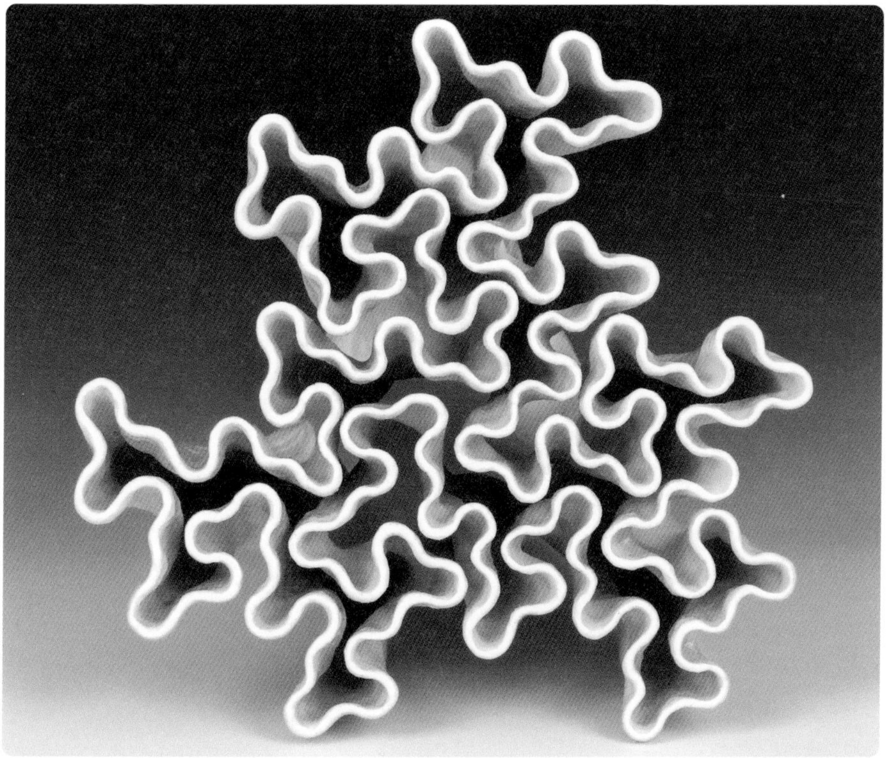

ロバート・ファザウアーの『3倍展開（Three-Fold Development）』を上から見ると，フラクタル曲線を描いていることがわかります。2014年の合同数学会議で開催された美術展で，「織り物，彫刻，その他の媒体」の最優秀作品に輝いた彫刻です。

とも呼ばれます。また，シェルピンスキーのカーペット，シェルピンスキー曲線，シェルピンスキーのスポンジ（ここまですべてフラクタルです），シェルピンスキー数，シェルピンスキーの問題（最小のシェルピンスキー数を求めさせる問題）など，その研究成果は枚挙にいとまがありません。

『3分岐』はフラクタル図形です。つまり，どれだけ拡大しても3個ずつの分岐が繰り返されます。ファザウアーは同様の手法を使い，前のページとこのページに掲載した『3倍展開（Three-Fold Development）』という作品を制作しました。この作品も『3分岐』と同じように，円形の土台から三つの裂片に分かれ，そこからさらに三つずつの分岐を繰り返しています。ただし，『3倍展開』のほうは裂片が球根のようなかたちをしていますし，最終的なかたちも少し異なっています。こちらの彫刻を上から見ると，連続したフラクタル曲線が描かれています。この作品は，テルドラゴンという曲線をもとにつくられていて，上から見える境界にはファッジフレークというフラクタルが現れています。

「人間の潜在能力は優れているので，難しい作業でも，繰り返すうちに上達していくものなんです」

——ロバート・ファザウアー

ファザウアーは何年もかけて，いわゆる「筋肉の記憶」を両手に植えつけました。作品が幾何学の法則に従っていれば，手の感触でわかるのだといいます。「人間の潜在能力は優れているので，難しい作業でも，繰り返すうちに上達していくものなんです」。バスケットボール選手にとってはシュートの入れ方がそうですし，ファザウアーにとってはフラクタルの造形がそうでした。「粘土を正しいかたちにもっていく感覚がつかめてきたと思っています」。

ファザウアーがつくる彫刻には，双曲幾何学の法則が取り入れられています。負の曲率をもたせた彫刻などは，その代表です。負の曲率とは，三次元に埋め込まれた双曲平面に見られる曲率のことです。

専門用語を恐れる必要はありません。もしも「三次元に埋め込まれた双曲平面」のかたちをした異世界に入り込んでしまったら，どこもかしこも馬の鞍のような地形をしていると思ってください。ポテトチップの何とかリングルズのかたちと言えばわかるでしょうか？　ファザウアーの彫刻の表面は，どこをとっても前後と左右に反り返っていて，平らなところがありません。

鞍のようにうねった地形の面は「負の曲率をもつ」といい，逆にボールのように膨らんだ地形の面は「正の曲率をもつ」といいます。また，平坦な面については「曲率が0である」と表現します。

現在は陶芸を中心に制作しているファザウアーですが，フラクタルをもとにした線画やポスターをつくっていた時期もありましたし，何年もかけてテセレーションを創作していたこともあります。テセレーションとは，空間全体を一切の隙間なく埋めつくすパターンのことです。テセレーション作品に使いやすいのは正方形や菱形ですが，複雑な図形からつくることもできます。オランダの芸術家M・C・エッシャーは，テセレーションの先駆者として知られ，動物をつなげて並べた図案を多用していました（エッシャーとテセレーションの詳細については188〜189ページを参照してください）。ファザウアーは，エッシャーとイギリスの数学者ロジャー・ペンローズ（Roger Penrose）に触発されて，独自のテセレーションを生み出しています。

ファザウアーは，生まれてこの方，ずっと芸術と数学を股にかけてきました。子どもの頃には線画や絵画を勉強し，練習を欠かしませんでした。最初の就職先はNASAのジェット推進研究所で，赤外線センサー用の薄膜を開発するために，各種材料の結晶構造を研究していました。数学アート界とのつき合いは，かれこれ20年を超えています。1998年にイタリアのエッシャー記念展に出品し，数学アートの展覧会に立ち寄って，帰国後にその話をブリッジズ創設者のリーザ・サランギに聞かせたそうです。ブリッジズでは，数学と芸術をつなぐために，毎年異なる都市でイベントを開催しています。その出資者でもあるサランギは，ブリッジズのために似たような展覧会を企画してほしいとファザウアーにもちかけました。現在，ブリッジズカンファレンスと合同数学会議では数学アート展が毎年開催されていますが，ファザウアーは両方の責任者として企画と運営を担っています。

従来のスタイルの数学に興味をもてないからといって，数学を理解できないとは限りません。数学アートはそういった人々の心を動かせるという信念のもと，ファザウアーはTessellationsという会社を立ち上げ，手と目と脳を使って数学と触れ合える学習教材（ゲーム，おもちゃ，パズル，本，ポスター）を製造しています。たとえば，並べ替えられる三角法証明，円錐曲線の積み木といった商品です。自分自身のような境遇の人々に手を差しのべ，数学の視覚的なとらえ方を伝えていくことが目標だとファザウアーは語ります。

「視覚から入った方が学びやすいという子どもたちの場合，普段の数学で不要な苦労を強いられているのではないでしょうか。紙に書かれた問題や説明に苦戦しているのであれば，絵やおもちゃや実際に触れられる教材がきっと助けになりますよ」。

芸術の裏にある数学：フラクタル

モンスターのギャラリー

1967年のこと，フランス系アメリカ人の数学者によって，魅力的な数学的図形が世界に初めて紹介されました。その結果，色とりどりの奇抜なポスターが生み出され，毎年のように数学者や大学1年生の部屋を飾ることになります。生みの親であるブノワ・マンデルブロは，その図形を「フラクタル」と名づけ，自身を「フラクタリスト」と呼びました。フラクタルアートは数学の一分野であり，数学アートの一分野としても高い人気を誇っています。

名づけ親のマンデルブロは，「発見者」ではあっても，「発明者」ではないという見方もあるようです。確かにすべてのフラクタルの発明者ではありませんし，マンデルブロが発見する何十年も前から，行儀の悪い（病的な）曲線を解き明かそうという研究はありました。マンデルブロはその研究に名前を与え，ひとまとめに扱える曲線族の存在を証明し，共通する性質を研究することで，新しい研究分野の確立に貢献したのです。

見慣れた次元

ちょっと専門的ではありますが，マンデルブロの定義によれば，フラクタル図形とは「ハウスドルフ次元」をもった図形のことです。言い方を変えると，フラクタルは，整数ではなく，小数の次元をもっています（この次元は曲線の砕け具合を表します）。

ハウスドルフ次元は，普通の次元の延長線上にあるものです。点は零次元，線は一次元，面積は二次元，体積は三次元。では，その中間には何があるのでしょうか？　その答えがハウスドルフ次元です。

とりあえず，直線，正方形，立方体について考えてみましょう。それぞれ一次元，二次元，三次元です。

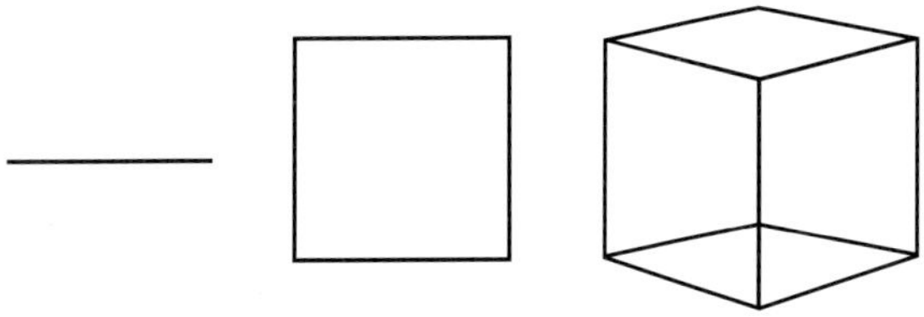

まず，1本の線分は，2本の半分サイズの線分にバラすことができます。ほかの図形も，同じように半分サイズのコピーにバラしてみましょう。1個の正方形は4個の半分サイズ正方形にバラすことができますし，1個の立方体は8個の半分サイズ立方体にバラすことができます。

ここから次のことが成り立ちます。

$2^1 = 2$（線分を半分サイズ線分にバラしたときの個数）

$2^2 = 4$（正方形を半分サイズ正方形にバラしたときの個数）

$2^3 = 8$（立方体を半分サイズ立方体にバラしたときの個数）

それぞれの次元で縮小倍率を増やしてみても，やはり，その結果得られる縮小コピーの個数を求めることができます。ここで気の利いた手品をお教えしましょう。このやり方で次元を進めていくと，四次元版立方体を半分サイズコピーにバラしたときの個数も計算できるのです。

$2^4 = 16$

四次元空間はそのまま可視化することはできませんが（大半の人はできないはずです），数学を使えば，こうして手軽に確かめることができます。たとえば，10次元まで進めたときに何個の半分サイズコピーにバラせるかを知りたいのなら，次のように計算するだけです。

$$2^{10} = 1024$$

では，最初から図形を縮小コピーにバラしたときの個数とその縮小倍率がわかっていて，その図形の次元だけがわからないときには，どのように計算すればよいでしょうか？　たとえば，ある図形は27個の3分の1コピーにバラすことができたとします。

その場合，dを次元として$3^d = 27$まで判明していますから，この方程式を解いてみると，図形の次元が3だったことがわかります。3は切りのよい整数です。三次元は見慣れた空間ですし，三次元を嫌いな人もまずいません。三次元の立方体は，当然，27個の3分の1立方体にバラすことができるでしょう。

これは当たり前の話を難しく言い直しているだけのようにも思えますが，マンデルブロの指摘によると，この次元dはいつでも切りのよい自然な数になるとは限りません。1,2,3といった整数の次元をもたない図形があるというのです。

無限の海岸線

マンデルブロの研究のきっかけが，「イギリスの海岸線の長さはどれくらいだろう？」という単純な疑問だったことは有名です。その答えは，意外にも複雑でした。十分な長さの定規を使えるとしたら，岬や岩場をこと細かにたどったりはせず，地形の大部分をならして測っていくのが普通です。定規が少し短くなると，海岸線の出入りを細かくたどらざるを得ないので，測定結果が少し長くなります。定規がさらに短くなると，港湾や入り江などの複雑な地形を丁寧に拾っていくことになり，測定結果はさらに長くなります。それでは，砂粒ほどの極小の定規しか使えないとしたら？　砂粒ほどのデコボコも一つ残らず拾っていかなければなりません（しかも，無意味で余計な問題まで浮上してきます。「満潮時と干潮時のどちらに測るべき？」「岩場を測り終えた途端，海に岩を蹴り入れるような不届き者がいたら，海に突き落としてもかまわない？」など）。

イギリスの数学者・気象学者・物理学者・心理学者にして良心的徴兵拒否者のルイス・フライ・リチャードソン（Lewis Fry Richardson）は，初期の実用的な気象予報モデルを開発したことで知られ，1961年には定規の長さと測定値の関係を示す方程式を編み出しています。リチャードソンは，この方程式を通じて，目で見て推測し得る現象を数学的にとらえようと試みたのです。なめらかな海岸線の次元は1となる一方，岩やくぼみの多い不規則な地形については，海岸線の次元は1より大きく2より小さくなると推測しましたが，この研究結果はほとんど相手にされませんでした。

その十数年後，マンデルブロがこの方程式に新たな命を吹き込みます。海岸線の入り組んだ地形を数値化するうえで，リチャードソンの方程式が有用だと主張したのです。これに基づくと，イギリスの西海岸――マンデルブロによれば地球上最も不規則な海岸線――のハウスドルフ次元は1.25，スペインとポルトガルの国境線のハウスドルフ次元は1.14となります。

マンデルブロは，海岸線は「統計的に見て自己相似である」と書いています。この自己相似という性質は，まさにフラクタルの特徴です。自己相似とは，どれだけ拡大縮小してもまったく同じ（またはほぼ同じ）かたちが現れるということです。自己相似性は，自然界のあらゆるところで目にすることができます。たとえば，木の幹の根元から上へと視線を移していくと，いくつもの枝に分かれていき，その枝の先へと視線をやるとさらに細い枝，さらに細い枝……と分かれていき，先端には葉がついています。その葉をじっくり眺めてみると，小枝につながった部分から中央を貫く主脈があり，その主脈から細い葉脈，さらに細い葉脈……と分かれていきます。つまり，縮尺を変えても同じ分岐（1本が2本に枝分かれすること）が繰り返されるということです。植物のフラクタルのパターンはいずれどこかで途切れるのですが，フラクタル的な考え方を知るにはちょうどよい例です。山岳，樹木，海岸線など，自己相似は自然界にあふれています。

マンデルブロがフラクタルという名前を思いついたのは，1975年のことでした。2010年にドキュメンタリー映画監督のエロール・モリス（Errol Morris）から受けたインタビューの中で，「主題に呼び名を与えたことで，ある程度の現実性を伴うようになりました」と話しています（マンデルブロが亡くなるわずか19日前でした）。1982年には，歴史的な著作『フラクタル幾何学』を出版し，フラクタルについて詳細に解説しています。紹介されている多種多様なパターンは，過去の数学者たちが手がけながらも，最初期の幾何学では説明しきれなかったものばかりです。19世紀の中頃までは，数学的な図形はユークリッドが定めた幾何学の法則に従い，アイザック・ニュートンが明らかにした秩序的で決定的な振る舞いを示すと信じられていました。

その常識は，20世紀の訪れとともに覆されました。マンデルブロは，著書の序文で，物理学者フリーマン・ダイソン（Freeman Dyson）の言葉を引用しています。「固定観念に大革命が起きるとき，19世紀の古典数学と20世紀の近代数学が切り離される」。20世紀初頭は，集合論が進化を遂げ（第4章参照），ペアノの描いた空間充填曲線が発展した時代です（空間充填曲線の詳細については83ページの「芸術の裏にある数学：病的な曲線」を参照してください）。

ペアノの空間充填曲線は，平凡な一次元の線分から始まることから「曲線」と呼ばれていますが，ある操作を反復することで，実際に正方形（などの有限の領域）を埋めつくすことができます。ペアノ曲線のフラクタル次元が2だと聞いたら，ちょっと驚くのではないでしょうか。「どの時点，あるいは何回目の反復で，曲線が一次元から二次元に変わるのだろう？」と疑問を抱かずにはいられません。

ダイソンはマンデルブロの著書の中で，こうした新しい数学的構造を「病的」や「モンスターのギャラリー」と表現し，20世紀への変わり目に進んだ文化的な革命――キュービズム絵画や無調音楽のような病的な芸術の誕生――にも関連づけています。それまでの芸術や数学を形づくってきた概念は，この時代に次々に覆されていきました。1987年に*Science*誌に掲載された記事の中でも，ダイソンは次のように書いています。「モンスターを生み出した数学者たちは，その存在に重要な役割を見出していた。一見単純そうにも思える自然の仕組みに，さらに豊かな構造が含まれることを純粋数学は示唆する」。

さらに，面白い解釈も示しています。初期の幾何学者は，自然から着想を得て，さまざまな図形やその関係性を解き明かそうとしました。そうしたパターンを何千年も研究していくうちに，確立された法則に当てはまらないパターンが現れるようになります。ところが，そうしたモンスターたち――病的なフラクタル――の乱れ，粗さ，自己相似性などは，森の散策や海岸沿いのクルーズで目にする自然の特徴そのものでした。数学はフラクタルを介して，一周回ってもとの自然に戻ったといえるのです。

自然界の自己相似性は，サメが獲物を狩るときの回遊軌道から，アホウドリが餌を集めるときの飛行経路まで，ありとあらゆる意外なところで観察されています（念のために補足しておきますが，このような研究には，フラクタルモデルに合致するデータを意図的に抽出しているという批判もあります。サメやアホウドリの行動を限定的に切り取ったデータを使っていた場合，はたして自己相似性と断定できるのでしょうか。フラクタルの扱い方について対立が起きるのは，現実世界では抽象性に限界があるためです。惑星の大きさや原子の距離といった制約によって，自然界の自己相似性は必ずどこかで途切れます。だからこそ，「何をフラクタルとみなして，何をフラクタル風に見えるだけとみなすのか」という議論になるわけです）。

また，マンデルブロの名前を冠したフラクタルもあります。自然界には現れませんが，簡単に生成できますし，探求しつくせないほどの魅力をもっています。このフラクタルはマンデルブロ集合と呼ばれ，巨大な虫のようなかたちをしています。次の章では，メリンダ・グリーン（Melinda Green）が描き出した神のような姿のフラクタルを紹介し，後半（103ページ）の「芸術の裏にある数学：マンデルブロ集合」でマンデルブロ集合について解説します。

マンデルブロは，何十年もかけてフラクタルの概念を発展させ，晩年には株式市場の盛衰にまで応用しました。1982年の著作でも，その発想や情熱はすでに輝きを放っています。

「科学者たちは驚きと喜びに震えるだろう（必ずそうなると確信できる）。ざらついた，ヘビのような，曖昧な，でっぱった，へこんだ，枝分かれした，海藻のような，奇妙な，絡まった，ねじれた，揺らいだ，束になった，しわの寄ったかたち，などと呼ぶしかなかった数々の図形も，今日からは厳密に，積極的に定量化できるのだから」。これらの形容詞はどれも，ファザウアーの作品を的確に言い表しています。自然界のパターンに実物のかたちを与えた抽象彫刻は，絡まった，乱れた，しわの寄った姿に見えますが，その裏側には誰をも惹きつけてやまない数学があります。

フラクタルの特徴である自己相似性とは，どれだけ拡大縮小しても同じパターンが繰り返されるという性質です。

9

神秘的かつ数学的

数学と宗教という二つの分野は，実践面でも理論面でもまったく異なるようでいて，実際には共通した目的をもっています。この世界の欠片がどうはまり合っているのかを探り，突き止めるという目的です。現代の数学と宗教は対極にあるものと思われがちですが，過去にはそうとも限りませんでした。たとえば，数学を追求したピタゴラス学派は宗教結社でもありました。歴史をさかのぼると，数学者の多くは，哲学者にして神に仕える司祭でもあったのです。20世紀のロシアにも，神秘主義的な着想と数学的な厳密さをもって，無限に関する研究を進展させた数学者たちがいました。本章で紹介する作品には，精神世界と数学世界のつながりがはっきりと描き出されていますが，芸術家の信仰心が作品に反映されたというわけではありません。その作品を生み出したのは，独自に考案したアルゴリズムと，有名なフラクタルの中に美しさを見出そうとする探究心でした。

メリンダ・グリーン

フラクタルに宿る神

モニターに映った神の姿を前にしたメリンダ・グリーン（Melinda Green）は，最初，自分は夢でも見ているのではないかと思ったといいます。

「よく覚えていないんですが，自分をつねってみたかもしれません。とにかく，単純なコードからこんなものが出現するなんて正気の沙汰じゃないと思いました」。

ですが，それは確かに現れていました。黒を背景にした白い点の寄せ集めと思いきや……華麗な宝石を身にまとい，長い髪が肩に流れ落ち，慈悲深い空気をまとった座像を形づくっていたのです。プログラムにはランダムな要素も組み込んでいたので，「たまたまかも？」とコードを再度実行してみましたが，結局，同じアルゴリズムからは同じ画像が生成されました。グリーンはこの発見をUsenetのニュー

前ページ：メリンダ・グリーンが書いたアルゴリズムは，有名なフラクタルのマンデルブロ集合を御仏のような『ブッダブロ（Buddhabrot）』に変えました。

スグループに投稿しました（詳しい方のために補足しておくと，グループ名はsci.fractalsです）。ちなみに，これは1993年の出来事です。オンラインで何かしようと思ったら，ダイヤルアップでサーバーに接続するしかなかったような時代でした。

グリーンは，この図形をガネーシャと名づけました。その妖しげな姿から，象の頭をもったヒンドゥー教の幸運の神をイメージしたためです。その後，コンピューターアーティストのロリ・ガルディ（Lori Gardi）が，グリーンの作品に触発されて，自分でも作品をつくろうと試行錯誤していると，パターンの中に再び似たような図形が現れました。このときにガルディがつけた名前のほうが今でも広く使われています。もちろん，グリーンもすぐさま気に入りました。

「単純なコードからこんなものが出現するなんて正気の沙汰じゃないと思いました」

——メリンダ・グリーン

その名もブッダブロ。脳にはパターンに意味づけしようとする働きがあります。芸術の世界でも心理学の世界でも，昔から周知の事実です。グリルドチーズサンドの焼き目に聖母マリアの顔を重ねてみたり，NASAが撮影した火星の写真から地面に埋まった人間を見つけてみたり。ランダムなデータの中にそうしたパターンを投影する現象は，心理学の用語でパレイドリアと呼ばれています。とはいうものの，グリーンが生成した画像に限っては，何も見出さないほうが難しいというものです。そこにはどう見てもガウタマ・シッダールタ——またの名をブッダ——がいるのですから。

名前の後半部分は，マンデルブロ集合の「ブロ」からつけられました。マンデルブロ集合は，世界一有名なフラクタルパターンといっても過言ではないでしょう。ハート型の体と丸い頭をもった1匹の虫に見えますが，目を凝らしてみると，体の周りに似たようなかたちの小さな虫が何匹もついていて，その小さな虫の体にも小さな虫がついていて……。無限匹の虫の背中に無限匹の虫がついているのです。このような境界をもった点の集まりを「集合」といいます。

マンデルブロ集合そのものの名前は，第8章でも紹介したとおり，フラクタル幾何学とカオス理論の先駆者ブノワ・マンデルブロに由来します（ジェイムズ・グリックの1987年の著書『カオス：新しい科学をつくる』（1991年，新潮社）はカオス理論初の入門書ですが，この中でもマンデルブロの研究は大きな柱になっています）。マンデルブロによれば，フラクタルとはフラクタル次元（91ページのハウスドルフ次元もフラクタル次元の一種）をもった図形のことです。フラクタルの曲線は複雑に入り組んでいるため，一次元とは呼べないものの，面を塗りつぶすほどには密集していません。フラクタル次元は，こうした曲線の「粗さ」を表す尺度です。

マンデルブロ集合を描くときの配色を変えると，印象的な肖像画が生成されます。『ブッダブロ（Buddhabrot）』はフラクタルに宿った仏の姿です。

グリーンは，マンデルブロ集合に出会って以来，ASCIIアートを使って独自のマンデルブロ集合を描くようになりました。ASCII（情報交換用アメリカ標準コード）アートとは，電子通信で使われる63種類の英数字と記号だけで描いた絵画のことで，絵文字の元祖ともいわれています。マンデルブロ集合は新品のコンピューターと単純な反復関数だけで生成できるため，その手軽さと華やかさが支持された結果，1980年代から1990年代にかけて，プログラミング初心者の定番コードとして，またたく間に広まっていきました。

実は，ブッダブロの発見は，グリーンの不満のたまものでした。グリーンも数学マニアのご多分に漏れず，マンデルブロ集合に夢中ではありましたが，一般的な彩色に物足りなさを感じていたのです。マンデルブロ集合を生成するときには，「シード」と呼ばれる一点が出発地点となります。そのシードの値を方程式に代入し，計算して得られた値を新しいシードとして再び代入する……という過程を何回も繰り返していくと，シードの点は値から値へと飛び移っていくことになります。このときに絶対値が増え続けるようなパターンで値が変わっていくと，点が出発地点からどんどん離れて――数学的に言うと「発散」して――いってしまいます。逆に，出発地点の付近だけを飛び回り，遠くへさまよい出ていくことがない場合，点は集合の中にあるとみなされます。

このパターンを最小限の単調な配色で表すには，原点の付近にとどまっている点を黒く塗り，発散していく点を白く塗ります。すると，基本のマンデルブロ集合――虫についた虫についた虫――を描くことができます。

多少工夫をするのであれば，集合内にある点を黒く塗り，それ以外の点を発散するまでの反復回数に応じた色で塗り分けます。原点の周辺を数回うろついてから去っていく点もあるでしょう。こうして色を組み合わせると，下の図のようなマンデルブロ集合が現れます。先ほどの配色に比べれば少し面白くなりました。

これは王道の配色なので，インターネットで検索すれば，動画が山ほど出てくるはずです。お好きなマンデルブロ集合を見つけて，フラクタルの奥深くに潜り込み，配色とパターンを堪能してみてください。

ただし，こうした配色もグリーンにとっては面白みに欠けていました。目を奪われはするものの，生成過程を感じさせないからです。マンデルブロ集合を描くときには，必ず動きが伴います。見えない

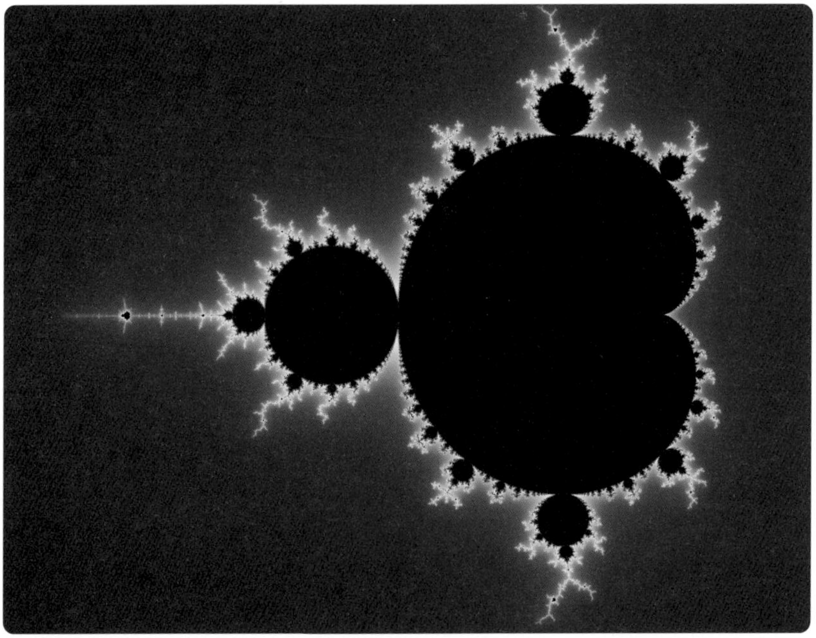

x軸に実数，y軸に虚数をとった複素平面上のマンデルブロ集合。無限大に発散しない点は黒く塗られています。

鎖につながれた小さなノミが飛び回るように，複素平面の上で，点があちこちに飛び回ります。ところが，発散までの反復回数だけで点を色分けしてしまうと，せっかくの軌道が失われてしまうのです。

サッカー観戦にたとえてみましょう。試合後の選手が，各自のポジションに立っているだけ……という状況をイメージしてください。選手が着ているジャージの配色は，試合中に走った距離とプレーの内容を表しています。勝ったチームは発表されますが，実際のプレーは見せてもらえず，ジャージの情報がすべてです。バレエの舞台で考えると，バレリーナたちがオープニングの位置に立ちつくしていて，振りつけの複雑さ，ポジションの順番，舞台に登場する頻度などは，衣装の色から判断しなければなりません。

グリーンが見たいのは，マンデルブロ集合の動きでした。時間は四つ目の次元として扱われることが多い──見慣れた三次元の世界に時間軸が加わると四次元になる──ため，四次元のフラクタルを描けばよいのだと思い立ち，四次元幾何学を取り込むコードで実験を重ねていきました。マンデルブロ集合は，アイデアを試すのにうってつけの場でした。

まずは，点の軌道を描き出すコードを書いてみましたが，雑然とした画像になってしまいました。すべての点を含めようとすると，集合の中にも外にも軌道が描かれてしまい，曖昧なかたちの塊にしかならないのです。では，集合内にある点を一切描かなかったらどうでしょう？

つまり，発散していく点の軌道だけを描き出すというアイデアです。グリーンの説明によれば，太陽を観測するときに，普通のカメラの代わりにコロナグラフという観測機を使うのと同じだといいます。スマートフォンで太陽を撮影しても，白くぼや

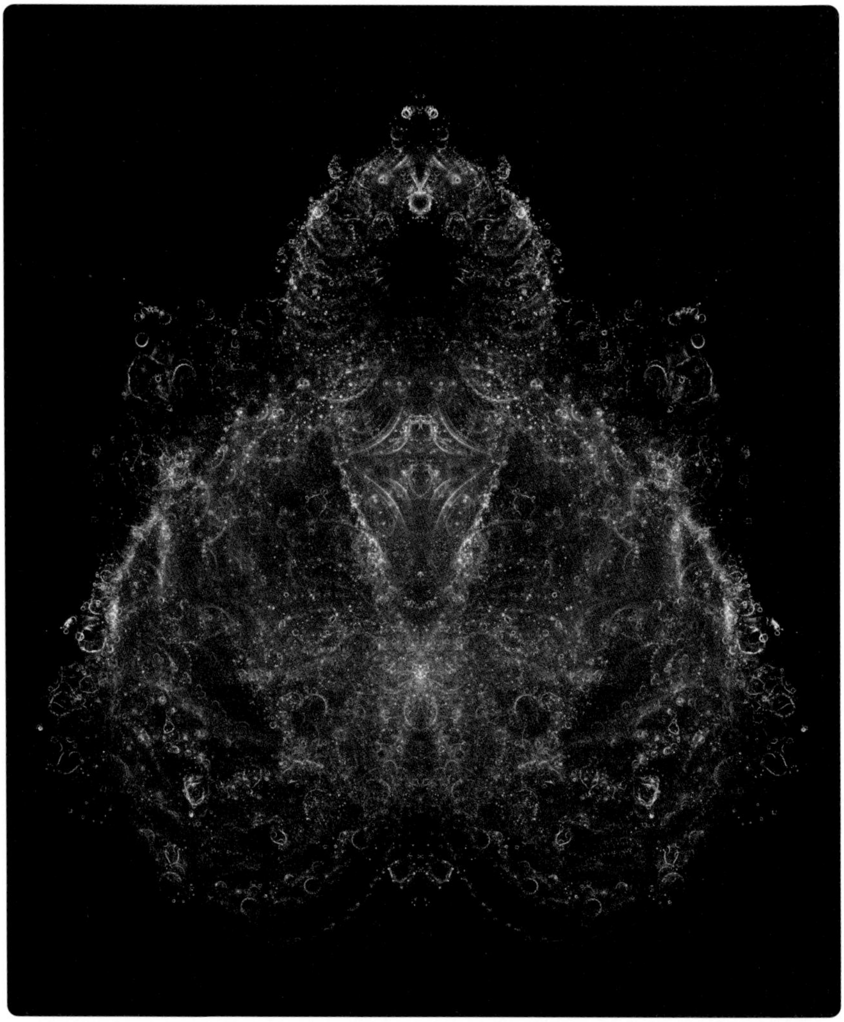

メリンダ・グリーンが考案した手法で描かれた『ブッダブロ（Buddhabrot）』。輝いて見える部分の明度を変化させると，仏の姿のあらわれ方を調整できます。

けた大きな球体が写るだけか，全体に白飛びした写真になってしまいます。一方，コロナグラフで撮影すると，直射日光が遮られるため，太陽をうっすらと取り巻く大気を写しとり，表面から吹き出すプラズマのひげや，糸が飛び出したような巨大なループまで観測できます。

グリーンは，次のような手法でアイデアを実現しました。点を一つ選んでから，マンデルブロ工程を経てたどり着いた行き先に応じて，描くかどうかを決定します。行き先が原点の付近にとどまっていたら何も描き出さず，行き先が原点からある程度離れていれば，その軌道を描き出します。無作為に点を選んでテストする作業を何回も反復するうちに，少しずつ点が増えていき，モニターの画像が成長していきました。天文学者がはるか彼方の星雲の画像に色をつけるときには，色を変えた複数の画像を組み合わせ，一つの画像として合成しますが，グリーンの手法はこれとよく似ていました。そうして完成したブッダブロは，心奪われる崇高さを漂わせながらも，数学に深く根ざしています。数学に精神的な意味を求める人であれば，無意識のうちに引き寄せられてしまいそうです。

グリーン自身もウェブサイトの中で，「信仰とはかけ離れたわたしでさえも，この画像を目の前にすると，マンデルブロ集合の中から神が現れたと信じてしまう」と書いています。

■ ■ ■

芸術の裏にある数学：マンデルブロ集合

どこまでも続く虫，タツノオトシゴのしっぽ，ゾウの鼻

マンデルブロ集合は，ほぼ間違いなく，最もよく知られたフラクタル図形です。タトゥーやポスターのデザインとしても人気がありますし，YouTubeにも多数の動画が投稿されています。一つのフラクタルの中に無数の分身が映し出される幻想的な動画は，何時間でも眺めていられます。一見すると，マンデルブロ集合は単純な図形に思えるかもしれません。曖昧なハート型の体に丸い頭のついた塊が中央に置かれ，その外周に小さい塊が生えています。ところが拡大してよく見ると，小さい塊と中央の塊はそっくり同じかたちをしています。さらに拡大すると，小さい塊の境界にもさらに小さい塊が生えていて，その塊の境界にも小さい塊が生えて，その境界からまた塊が生えて……とずっと先まで続いています。

数学者オーガスタス・ド・モルガンの『ノミ（Siphonaptera）』という詩には，その特徴が忠実に再現されています。

大きいノミに小さいノミが
背中に群がり吸いついている
小さいノミにはさらに小さいノミが，
そこからさらに無限の大群が
大きいノミはお返しとばかりにさらに
大きいノミに吸いついている
そこからさらに大きく大きく果てしなく

マンデルブロ集合をどこまでも拡大していくと，複雑さがはっきりとわかってきます。詩の仰々しさや冗舌さからは，そのときの驚きが伝わってくるようです。この不思議な特徴は「神の指紋」とも呼ばれています。

無限に続く虫

マンデルブロ集合の由来となった数学者ブノワ・マンデルブロは，ポーランドのワルシャワで生まれ，アメリカに移ってIBM®に長年勤め，マサチューセッツ州ケンブリッジで亡くなりました。数学者としての功績は多々ありますが，とくにフラクタルという数学分野の創始者として知られています（マンデルブロの研究と一般的なフラクタルの詳細については91ページを参照してください）。ただし，マンデルブロ集合の発見者だという主張については，異論を唱える数学者もいるようです。そうした数学者たちは，この図形が注目される以前から研究していた自分たちこそ，マンデルブロに影響を与えたのだと主張していて，論争は当分決着しそうにありません。

1980年代から1990年代はマンデルブロ集合の最盛期でした。1985年8月号の*Scientific American*誌では，壮麗なフルカラーのマンデルブロ集合が表紙を飾り，カナダの情報工学者A・K・デュードニー（A. K. Dewdney）のコラムでも，パソコンをマンデルブロ集合の顕微鏡に変える方法が紹介されました。このフラクタルが人気を集めているのは，見た目の魅力もさることながら，扱いやすさも大きな要因です。ごく簡単な定義だけで無限の深さをもった複雑な図形が現れるので，数学とコーディングの基本的なノウハウさえあれば，誰でも自分のマンデルブロ集合を探求できるのです（その手軽さのせいか，マンデルブロ集合を派手で底の浅いお飾りだと言って，取り合おうとしない数学者や情報工学者もいるのですが，そのような声は無視するに限ります）。

マンデルブロ集合のいくつかの部分には，独特

現代アートというべきフラクタルパターン「タツノオトシゴの谷」。マンデルブロ集合の一部分です。

の名前がつけられています。たとえば，フラクタルの中央あたりの頭と体がつながっている一画は，集合に近接する点がタツノオトシゴのしっぽに似ていることから，「タツノオトシゴの谷」と呼ばれています。

　数学者の最大の関心はマンデルブロ集合の境界です。その区画を拡大し始めたら，永遠に戻ってこられないほどです。境界はそれ自体がフラクタルだと考えられていたものの，実際に証明されたのは1994年のことでした。そのフラクタルは二次元で，自己相似性をもち，どれだけ拡大しても同じパターン——虫のかたちの小島，タツノオトシゴのしっぽ，ゾウの鼻——が現れます。

ロバート・ファザウアー『樹木曲線 #9（Fractal Tree #9）』。縮尺を変えても繰り返される自然界のパターンを描いています。

マンデルブロのクックブック

マンデルブロ集合は，座標軸が書かれていなくても，実は座標平面上に配置されています。

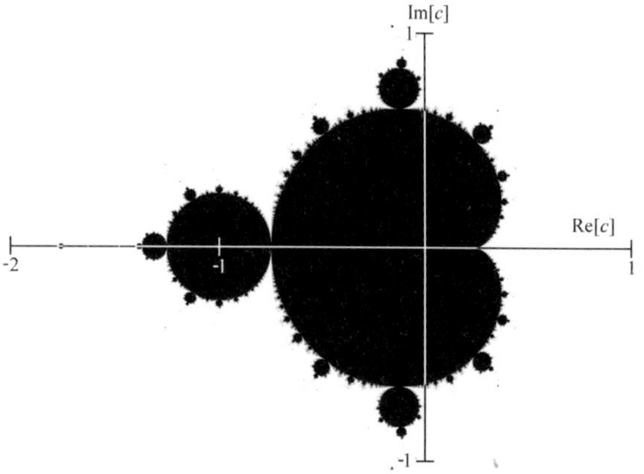

グラフ上のマンデルブロ集合

この平面上の横軸は実数，縦軸は虚数に対応します（虚数とはiの倍数のことで，$1i$，$2i$，$3i$のように表します。iは-1の平方根です）。

マンデルブロ集合の全体は，次のような式で定義されます。

$$z_{n+1}=z_n^{\,2}+C$$

これは漸《ぜん》化《か》式と呼ばれ，式に値を代入し，得られた値を再び式に代入する，という操作を任意の回数だけ繰り返せることを意味しています。マンデルブロ集合の漸化式には，次のような重要なルールがあります。

1. 変数zは，複素数を扱うことを表します。複素数とは二つの部分――実部と虚部――からなる数のことです。たとえば，複素数$1+2i$なら，実部1と虚部$2i$で構成されています。
2. 文字Cは，定数を意味します（実部と虚部からなる複素数です）。マンデルブロ方程式のCには，挙動を知りたい点を設定するのが一般的です。
3. その点がマンデルブロ集合の中にあるかどうかは，関数の振る舞いによって決まります。
4. 小さい添字のnは，現在の反復回数を示します。マンデルブロ集合の初期値を$z_0=0$とすると，1回目の反復試行では$z_1=z_0^{\,2}+C=0^2+C=C$となります。
5. 反復回数が増えるにつれて値がどんどん増え続けていくときは，原点からどんどん離れていることを意味します（原点とは，グラフの中心のかしこまった言い方です）。そのようにはるか遠くに離れていくことを，数学では「無限大に発散する」といいます（「無限大に散る！」なんて，数学サスペンスのタイトルになりそうですね）。値が発散している場合，その点はマンデルブロ集合の中にはありません。逆に，複数回の反復後も原点の付近にとどまっていて，無限大に発散していない場合，その点はマンデルブロ集合の中にあります。

では，実際に計算してみましょう。まずは3を代入することにします（虚部0の複素数です）。つまり，$C=3$となるので，マンデルブロ工程の計算過程は次のようになります。

$$z_{n+1}=z_n^{\,2}+3$$
$$z_0=0$$
$$z_1=0^2+3=3$$
$$z_2=3^2+3=12$$
$$z_3=12^2+3=147$$

ご覧のとおり，値が増え続けていますから，原点から離れているということです。したがって，3は集合の中になく，無限大に発散することがわかりました。

では，$C=i$としたらどうなるでしょうか？

$$
\begin{aligned}
z_0 &= 0 \\
z_1 &= 0^2 + i = i \\
z_2 &= i^2 + i = -1 + i \\
z_3 &= (-1 + i)^2 + i = (1 - i - i - 1) + i \\
&= -2i + i = -i \\
z_4 &= (-i)^2 + i = -1 + i
\end{aligned}
$$

この場合はz_4でz_2の値に戻っています。つまり，関数を反復し続けても$-1+i$と$-i$を行ったり来たりするだけで，原点の付近から離れることはありません。したがって，この点は集合の中にあります。このように，基本の式をいくつもの点に当てはめていくうちに，マンデルブロ集合の複雑な図形が少しずつ描き出されていくのです。本章の冒頭に掲載した画像のような色合いを出したいときには，集合の外にある点についてのルールを設定する必要があります。集合の外にある点は発散し，無限の彼方へと去っていってしまいます。

ただし，去っていく速さは点によって異なるので，すぐに無限大に発散する点もあれば，しばらくとどまっている点もあります。そこで，発散するまでの反復回数に応じた色で点を塗り分けると，境界に隠されていたパターン――タツノオトシゴなど――を描き出すことができます。その配色でも物足りなければ，メリンダ・グリーンが試みたように，出発点だけでなく，行き先までに現れる軌道を取り込んでみるのもよいでしょう。その旅の始まりから終わりまで，神が道を示してくれるはずです。

メリンダ・グリーンの『ブッダブロ（Buddhabrot）』の細部

10

自然を表す方程式

数学が現実世界の構造を記述する言語なのだとしたら，ある疑問が頭をもたげてきます。現実世界を書き表した数式とは，どのようなものなのでしょうか？　たとえば，見慣れた物体の輪郭や表面をグラフとして表示できる方程式をつくれば，現実世界の記述だといえないこともありません。窓やドアの輪郭線を方程式で表現することは，現実世界というには（少なくともニワトリなどに比べれば）単純すぎますが，思考実験としては悪くないのではないでしょうか。すべては方程式で表せるのです。

デイヴィッド・バックマン

海の音は聞こえるか？

2017年11月，デイヴィッド・バックマン（David Bachman）の初めての個展が，ロサンゼルスで幕を開けました。メタリカ担当のコンサートスタッフから位相幾何学者に転身し，さらに芸術家に転身したバックマンにとって，このうえない幸せな瞬間でした。

『パターン，対称，成長，腐敗（Pattern, Symmetry, Growth, and Decay）』が開催されたのは，ロサンゼルスのハイランドパーク地区にあるMorYorkです。ギャラリーになる前はローラースケート場，その前はスーパーマーケットだった飾り気のない建物ですが，内部はまるでおとぎの国を閉じ込めたかのような雰囲気です。オーナーである芸術家クレア・グラハムの奇妙なオブジェや作品も，常設展示されています。バックマンの個展では，上下が逆さまに見える白い照明器具，不気味な光を放つサンゴ礁，幾何学的なタイル模様を施した紙製のぼんやり光る柱など，多岐にわたる作品が展示されました。前のページに掲載したオレンジ色の作品もその一つです。このねじれた帯は，鮮やかで大胆な彩色が施されていて，対称性の規則に従いながら絡み合っています。間近で観察すると，プラトン立体とのつながりを

前ページ：デイヴィッド・バックマン『正二十四胞体（Octoplex）』。バスシーバ・グロスマンの作品をヒントに，正八面体と立方体の高次元版対称性をもつ彫刻を制作しました。ねじれたリボンに穴をあけたのは製作費を節約するためでしたが，バックマンいわく，はしご状の構造という「うれしい偶然」をもたらしました。

見てとれますが，一歩引いて全体を眺めると，異世界へと続く楽しい小道のようにも思えてきます。

次のページに掲載した彫刻は，最もシンプルでわかりやすい作品の一つです。見た目，輝き，触り心地のどれをとっても貝殻そのものですが，海辺で拾ってきた貝殻ではなく，石膏を3Dプリンターで成形したモデルです。この作品には，数学から芸術をつくり出すプロセスが凝縮されています。バックマンは，本物そっくりの貝殻をつくろうと思いつき，アイデアを彫刻に変える……その前に，自然界とはかけ離れた作業に取りかかりました。まずは，貝殻の曲線，降下，傾斜などを定義する方程式を書かなければならないからです。

ここで面白い思考実験をしてみましょう。ちょっと周りを見回してみてください。そこがどんな場所であっても，すべてのものは直線と曲線でできているはずです。ソファに乗ったクッションのふちでも，自動車のボンネットの丸みでも，目に見える直線と曲線のほとんどは——時間と忍耐力があり，座標系の選択を間違えなければ——方程式で表すことが可能です。この世のすべてが大量の方程式の集まりで，どんな見た目でも変化でも時間を媒介変数とした方程式で定義できると考えたら，何だかワクワクしてきませんか？

さて，貝の尖り部分の絶妙な角度を見つけたことによって，バックマンのアイデアが貝殻に取り込まれました。方程式が貝殻の輪郭線になったのです。しかし，まだそこに描かれていないものがありました。石膏のプリントの外側は貝殻らしくなっていたものの，バックマンはそこで満足せず，貝殻の内側の特徴的な螺旋を描くための方程式まで考え出しました。もしも彫刻の中を歩けるとしたら，奥へ進むほど通路が狭くなり，カーブはきつくなっていきます。

完成した作品は，本当にリアルだったとバックマンは振り返ります。彫刻を見た人の多くが「貝殻」を手に取り，耳に当て，海の音を聞こうとしたというのです（冒頭に掲げた質問の答えは「イエス」です。海の音は聞こえます。本物の貝殻の中に海があるとすれば，バックマンの彫刻の中にもまったく同じ海があります）。

その彫刻は貝殻であり，数学的実体でもありました。「方程式の解を具体的に描き出したら，それがたまたま貝殻に似てくれたんです」とバックマンは説明します。「有機的に見えるものをつくり出す方法は一つとは限りません」。バックマンの作品の大部分は，これと似たようなプロセスで生み出されています。たとえば，ハイキングの道中などで目についたものからアイデアを得て，その物体をどうにかして方程式で再現できたら，その方程式をプリンターに送信します。

バックマンは，自身を異色の芸術家だと考えています。20代の頃はコンサートスタッフとして，メタリカ，グレイトフル・デッド，U2，エアロスミスなどのバンドとアメリカ中を旅していました。現在は品行方正な位相幾何学者として，カリフォルニア州クレアモントのピッツァー大学に勤めています。

位相幾何学者は，形状や面の基本的な性質を研究します。何らかの図形を変形させたり操作したときの大まかな違いに注目する分野なので，「位相幾何学者はコーヒーカップとドーナツの区別がつかない人々」などと揶揄されることもあります（コーヒーカップとドーナツはある観点からは「等しい」図形とみなされます。この場合の等しいとは，どちらも穴が一つしかないため，一方を変形させると——引っ張ったり縮めたりすると——もう一方をつくれるという意味です）。

位相幾何学では，二次元的な面だけでなく，高次元の図形も研究対象とし，種類ごとの分類を探って，かたちの本質を突きとめます。この分野独特の想像力を必要とする一方で，ほかの数学分野でも幅広く応用されています（位相幾何学の詳細については113ページの「芸術の裏にある数学：位相幾何学」を参照してください)。

「僕が知っている位相幾何学者や幾何学者は，ほぼ全員が視覚的に考えるタイプです。だからこそ，この数学分野に惹かれるんだと思います」。バックマンは2008年から実物の立体模型をつくり始めました。微積分のクラスを教えていたときに，概念を具現化した立体模型があれば学生の理解を深められると思ったことがきっかけです。ところが，こうした模型づくりで3Dプリントの面白さに目覚め，数学的な概念を説明する手段だったものが，創造性を発揮する手段に変わっていきました。自らに課題を出し，実験を繰り返して，アイデアやコンセプトを「プリント」する方法を模索しました。その成果の一つが貝殻の彫刻です。

バックマンによれば，初期の作品は数学的な概念をそのまま表現しただけの模型でしたが，年数を

「有機的に見えるものをつくり出す方法は一つとは限りません」

――デイヴィッド・バックマン

デイヴィッド・バックマン『貝殻としての寿命(Shell-f life)』。貝殻の内と外の曲線を定義する方程式をまず編み出し，そこから石膏の彫刻をつくり出しました。

重ね，反復するうちに，彫刻の中に美的な発想も盛り込めるようになりました。数学的な概念を文字どおりに変換するのではなく，そこから浮かんでくるイメージを彫刻で表現するのです。「彫刻をつくるのは，数学を説明するためじゃありません。何であれ，やってみたいことをやるためです。数学はそのための道具にすぎません」。

多くの数学アーティストがそうであるように，バックマンも孤独のようなものを感じています。数学者たちにさえ，作品の数学的な精神を理解してもらえないことがあるといいます。「数学を使っていれば数学者になれるわけではありません。作品の価値を認めてもらえても，それが数学的な文脈だとは限らないんです」。それと同時に，数学アーティストは，アート業界でも本当の意味では受け入れられていないとバックマンは感じています。これも多くの数学アーティストに共通する認識です。二つの世界に片足ずつ置いている人間というのは，どちらにも完全には属していないのです。「理解できる人がほとんどいない言語を話せるようになって，むしろ寂しさがつのっています」。エッシャーは，1959年2月に息子に宛てた手紙の中で，次のようにつづっています。「結局，今の自分はどこにも属していない。数学者たちは友好的で，関心を示し，背中を叩いてほめてもくれるが，しょせんは出来損ないだと思われている。“芸術の理解者”たちはといえば，顔をしかめる者ばかりだ」。

デイヴィッド・バックマン，ヘンリー・シーガーマン，ロバート・ファザウアーが共同制作した『ヒルベルト球体』。ヒルベルトの空間充填曲線を3Dプリンターで形づくっています。

芸術の裏にある数学：位相幾何学

ドーナツ，コーヒーカップ，100万ドルを辞退したロシアの世捨て人

ロシアの数学者グリゴリー・ペレルマンは，サンクトペテルブルクで隠遁生活を送っていますが，2002年から2003年にかけては，オンラインで3本の論文を発表しています。その研究内容は，大勢の数学者が100年前から挑み続け，失敗し続けてきた問題を解き明かすものでした。最も有名な数学上の未解決問題の一つ，ポアンカレ予想を証明したのです。ポアンカレ予想は，1904年にアンリ・ポアンカレによって提唱され，それから1世紀にわたって数学者たちを惹きつけては，証明への挑戦を退けてきました。

実際，ポアンカレ予想の誤った証明は，数学者の話の種となっています。たとえば，カリフォルニア大学バークレー校の数学者ジョン・ストーリングス（John Stallings）は，自身の誤った証明をテーマに『How Not to Prove the Poincaré Conjecture（ポアンカレ予想を証明しない方法）』という小論を書いています。ストーリングスは，「心理的な問題，無謀さ，興奮，間違っていることを恐れて論理的思考が停止したこと」などによって，証明の欠陥が見えなくなったと分析しています。

20世紀が終わる頃，クレイ数学研究所は数学最大の七つの未解決問題を「ミレニアム懸賞問題」と題して，証明に成功した数学者に100万ドルを贈ると発表しました。ポアンカレ予想は，最初にして唯一の解決済みの問題となったのですが，ペレルマンは懸賞金を受け取っていません。

ドーナツに思いふける

ポアンカレ予想は，位相幾何学という数学分野の問題です。位相幾何学では，曲線や曲面といった数学的対象はもちろんのこと，より高次元の図形についても，ひねったり曲げたり，伸ばしたり縮めたりしても変わらない本質的なかたちの性質を研究します。

ただし，図形を裂いたり，穴をあけたり，切り取ったり，一部分を別の部分にのりづけすると，別のかたちに変わってしまいます。また，穴のある対象と穴のない対象では，性質が異なると考えられています。この観点から見ると，楕円も円も，卵形もすべて同じかたちです。球体には穴がないので，穴のあるトーラス（ドーナツやコーヒーカップなど）とは違うかたちですし，持ち手が二つある幼児用のカップもまったく違う種類のかたちとみなされます。

位相幾何学で扱われる対象は，多様体や位相空間などと呼ばれます。次元について話すときも，「球面」というときは境界面を意味し，たとえばビーチボールなら内部の空気は含まず，ビニールの膜だけを指しています。一次元球面は円周だけを意味し，二次元球面は球体の表面だけを意味します。

そんな次元では狭すぎるのではないかって？確かに普通は，円周といったら二次元の平面内の輪っかを思い浮かべるでしょう。しかし，位相幾何学では対象固有の性質だけを考察するので，曲線でできた円周は一次元球面ととらえ，曲面でできた球面はその中身を含まずに二次元球面ととらえるのです。面は厚みをもちませんから，2方向にしか広がりがありません。

では，三次元球面はどうかというと，やはり同じように考えます。先の議論から類推すると，一次元球面は二次元平面にあり，二次元球面は三次元空間にあるので，三次元球面は四次元空間にあると考えられます。位相幾何学者には視覚的に考える人が多いですが，三次元球面となるとさすがに誰でも混

乱するのではないでしょうか。立体模型や図形で表現するのも簡単ではありません。しかし，数学を使って解くことはできます。点の間の距離を計算してもよいですし，新しい計算方法を考案するという手もあります。ポアンカレ予想は，「球面と思われる多様体が実際に球面であると知るにはどうすればよいか？」という問題から始まりました。

20世紀の初頭，この問題に取り組んでいたポアンカレは，代数的な手法を考案して，「三次元多様体が単純なつながりの性質を満たしていれば，その多様体は三次元球面に等しい」と予想したのです。この言葉の意味を理解するには，二次元球面を使ったほうがイメージしやすいでしょう。二次元球面はボールの表面だと思ってください。二次元球面上にゴム紐などで輪っかをつくると，どの部分につくったとしても，輪っかを一点に縮めることができます。風船やテニスボールの表面でも同じように縮められるので，二次元球面は「どんな輪っかも一点に縮めることができる」という性質を満たしています。

ところが，ドーナツの表面ではそうはいきません。ドーナツの穴を通すように輪っかをつくった場合，輪っかを縮めようとするとドーナツを締めつけてしまい，ドーナツのかたちを崩さずに輪っかを一点に縮めることはできません。つまり，二次元球面と異なるかたちであるドーナツは，「どんな輪っかも一点に縮めることができる」という性質を満たしていません。逆にこの性質を満たすものは球面と同じかたちである，ということは言えるのでしょうか？　三次元球面の場合で，これが正しいことを予想したのがポアンカレ予想です。

ペレルマンの証明法については，ここでは割愛することにします（「三次元手術つきリッチフロー」という手法を用いる難解な証明です）。ペレルマンがオンラインで証明を発表すると，数学者たちが一斉に飛びつき，余すところなく調べ上げました。しかし，その論文の解読は難航したといいます。証明のあらすじとでもいうような必要最小限の情報しか書かれておらず，細部が読者にゆだねられていたうえに，論文誌に改めて投稿されることもなかったためです。検証と審査には数年を要しましたが，ついに2010年，クレイ数学研究所が論文の正しさを正式に認め，ミレニアム懸賞問題が初めて解決したと宣言しました。ところが，その数年前にペレルマンは雲隠れしてしまい，それ以降は記者とも数学者仲間ともまったく会おうとしていません。クレイ数学研究所の決定が伝えられても，懸賞金の受け取りを断りました。2006年にはフィールズ賞（数学界で最も権威ある賞の一つ）にも選ばれたのですが，その賞もやはり辞退しています。2010年の辞退の際には，その理由として「この賞は不公平と考える。この問題に取り組んだ数学者たちは等しく評価されるべきだ」と通信社に伝えたそうです。ペレルマンは，位相幾何学における今世紀最大の功労者としても，名誉や賞金に目もくれなかった伝説の人物としても，永遠に語り継がれていくでしょう。

不可能性

位相幾何学で登場する，興味深く不思議な数学的対象を二つ紹介しましょう。数学界のローゼンクランツとギルデンスターンのようなその二つとは，クラインの壺とメビウスの帯という図形です。

クラインの壺は，19世紀後半から20世紀初頭の数学者フェリックス・クラインによって考案されました。パラドックスに満ちた図形は数学アーティストたちを刺激して，さまざまな数学彫刻に生まれ変わっています。たとえば，第6章で紹介したバスシーバ・グロスマンは，クラインの壺のかたちをした栓抜きを販売しています。クラインの壺は「向きつけ不可能性」という性質をもった曲面です。たとえば球面は「向きつけ可能」な曲面，つまり表と裏を区別できるので，その上を一方向に歩き続けたとしたら，いずれもとの地点にたどり着いて，もとの状態で立っていることになります。また球面の表をどう歩いても，裏側に行くことはできません。

ところが，クラインの壺の上を歩き続けた場合，途中で鏡を通り抜けたかのように，もとの位置の裏側にたどり着いてしまいます。チューブの一端が曲がって内部に逆戻りしたようなかたちをしており，それは何かの境界面というわけでもありません。一方向にひたすら歩いていくと，いつの間にかもとの位置を上下逆さまに通りすぎ，面の表も裏も歩いていけるのです。つまり，面は表も裏も区別できません。

メビウスの帯については，また少し異なります。細長い紙切れを用意して，半回転ひねってから端と端を貼り合わせるだけで，誰でも簡単にメビウスの帯をつくることができます。クラインの壺と同じく向きつけ不可能で，表と裏の区別がつけられません。紙を貼り合わせる前に，時計回りにひねるのか，反時計回りにひねるのか，奇数回ひねるのかによって，メビウスの帯の種類は微妙に変わります。

メビウスの帯は，方程式で表せないわけではありませんが，普通の代数方程式で定義するのはきわめて困難です。デイヴィッド・バックマンはそれを身をもって知りました。バックマンは，教師と彫刻家の活動に加えて，アイデアを3Dプリントの彫刻にしたいという芸術家との共同制作も行っています。数年前，ある芸術家からメビウスの帯の依頼があり，1枚の写真が送られてきました。バックマンはまず紙のモデルをつくりましたが，芸術家の希望はスチール製の彫刻です。3Dプリンターでスチール素材を造形すればよいのですが，バックマンはそこで初めて，そのためには代数方程式が必要だと思い至りました。

「大問題でしたよ」とバックマンは言います。「どうやったら数学的に解けるんだろうと戸惑いました」。メビウスの帯を方程式で近似する方法はありましたが，構造を完璧に表しているわけではありません。それでも，バックマンはやってのけました。そんな風に芸術が数学を前進させることもあるとバックマンは指摘します。

「数学を使って数学アーティストの手助けをしたいんです。それがうまく進まないときには，たいてい面白い数学の問題が潜んでいるのです」。

■ ■ ■

メビウスの帯は表と裏が区別できないため，数学用語で「向きつけ不可能」な曲面と呼ばれます。メビウスの帯のつくり方は簡単です。細長い紙切れを用意して，半回転のひねりを入れたら，端と端をテープかのりで貼り合わせるだけです。

第3部

旅路

数学に連れていってもらいたい場所はありますか？　数学アーティストに関して言えば，A地点からB地点まで，最短でたどり着く問題に触発されたり，一つの空間やグラフから別の空間への移り方を空想するうちにアイデアが生まれたり，次元の高みに上がっていったりしています。第3部で紹介する作品では，何らかの旅を通して──逐語《ちくご》的，比喩的，あるいは抽象的に──数学を体感しようとする試みがなされています。ロバート・ボッシュ（Robert Bosch）の巡回セールスマン問題の絵画は，文字どおり数学で巡回路をつくり出しますが，ローマン・ヴェロスコ（Roman Verostko）のアルゴリズムアートは，もっと抽象化された旅路をたどります。

ロバート・ボッシュ／アニータ・チョウドリー／
ローマン・ヴェロスコ／ヘンリー・シーガーマン

11

さすらいの数学者

芸術の制作は旅のようなものです。心の奥にあるアイデアが外の世界に出てくることによって，作品というかたちになるからです。数学の証明も旅のようなものです。論理的な規則に従いながら，一歩ずつ順を追って進んでいくからです。目的地は常に見えているので，エレガントに旅路を楽しむことができます。こうした考え方は，ロバート・ボッシュの作品の外観や主題にも現れています。その作品が追究する旅は一見シンプルですが，本質的には人知の限界を超えています。

ロバート・ボッシュ

世界一複雑なクッキー型

前のページに掲載した顔には，きっと見覚えがあるでしょう。そう，『モナ・リザ』です。この線画を近くでよく見てみると，二つの特徴に気がつきます。一つ目は曲線がまったく交差していないこと，二つ目はすべての線分がつながっていて，1本の長い道をつくっていることです。この曲線には始まりも終わりもありません。

ということは，そもそも線の切れ目がないことになります。この道はおそろしく複雑に折れ曲がった1本のループなのです。

作者は，オハイオ州オーバリン在住のロバート・ボッシュです。この絵を見た人に1本のループしかないと納得させるのは難しく，ボッシュは「信じてくれない人が多いんです」と訴えます。ですが，数学はボッシュの味方です。「どんな単一閉曲線も平面を二つの領域に分割する」という定理は，1887年にフランスの数学者カミーユ・ジョルダンによって証明されました（単一閉曲線とは自分自身と交わらない曲線です。三角形や正方形は単一閉曲線ですが，数字の8は違います）。ボッシュの作品を眺めていると，ジョルダンの定理は，単純に見えて本当は難しいことがよくわかります。

前ページ：ロバート・ボッシュによる曲線の内側と外側の『モナ・リザ（Mona Lisa）』。レオナルド・ダ・ヴィンチの名作をもとにした肖像画は，1本の曲がりくねった曲線だけで描かれています。この曲線に交差するところはありません。線の上にない点は曲線の内側か外側に属するのですが，簡単には見分けられそうにありません。

ただ，この線画がループかどうかを確かめるのは簡単です。線の好きなところから指でたどっていけば，いつか必ず最初のところに戻ります。ループであるということは，この曲がりくねった曲線も平面を二つの領域——内側と外側——に分割しているはずです。線の上にない点は，ループの内側か外側のどちらかに属しているのですが，簡単には見分けられそうにありません。

「極端なたとえですが，すごく複雑なクッキー型だと思ってください」とボッシュは説明します。それはもう複雑なクッキーが焼き上がることでしょう。

この線画もそうですが，ボッシュの作品の多くは，ある実用的な数学問題からつくられています。その有名な難問は，巡回セールスマン問題（TSP）と呼ばれているため，ボッシュは自身の線画をTSPアートと呼んでいます。良質な問題というものは「言うはやすく，解くはかたし」です（解が存在しない場合は別ですが）。このTSPの解を求めることは，数学の最適化問題を追究することでもあります。「決められた複数の都市をすべて一度ずつ訪れて，もとの場所に戻ってくるような最短経路を求めよ」というのがTSP問題です。19世紀半ばに考案されて以来，数学者たちはバージョンを少しずつ変えては，解法を導こうと取り組んできました。TSPは，日常生活にも関係しています。国際宅配便のUPS，アメリカ郵便公社，さらにはサンタクロースまで，あらゆる配送業者では移動時間をできるだけ短くする方法が検討されています。コンピューターアルゴリズムのベンチマークテストでは，特定のTSP問題の処理速度を比較することで性能を評価しています。

都市が2カ所や3カ所だけなら，問題を解くのは簡単です。すべての経路を洗い出して，距離を比べればよいのです。ただし，都市の数が数十カ所，数百カ所と増えていくと，このやり方では手に負えなくなってきます。TSPは，たとえ最短経路を見つけたとしても，それが絶対的な最適解だと証明するのが難しいという特殊な性質をもっています。その一方で，まあまあよい解だと——特定の別の解より

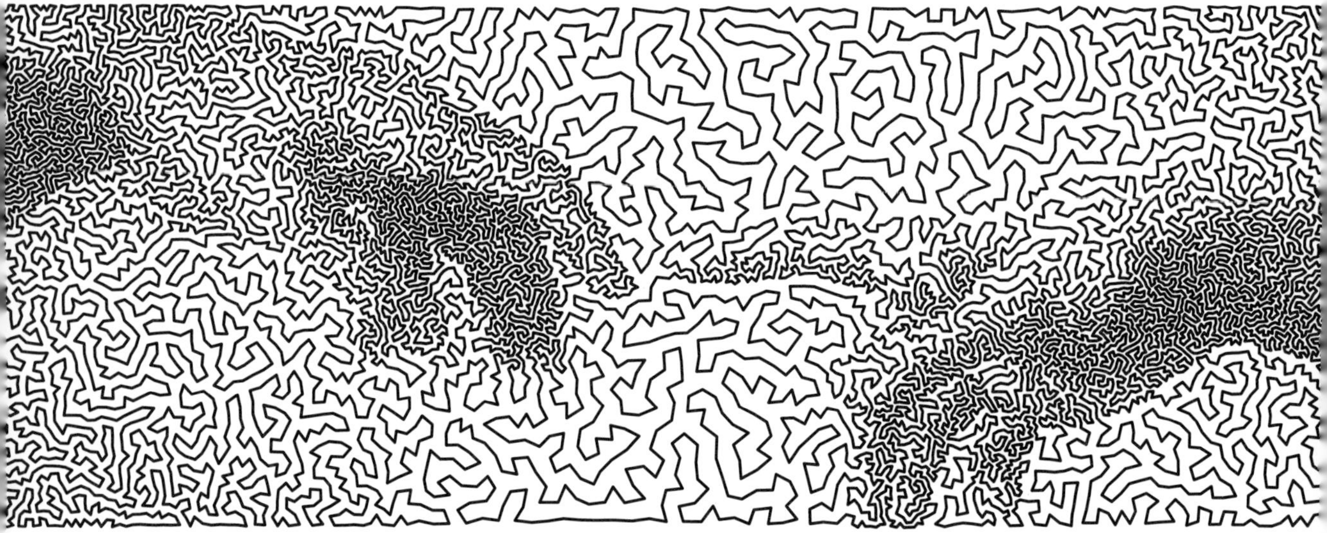

ロバート・ボッシュによるミケランジェロの『アダムの創造（Creation of Adam）』。巡回セールスマン問題の解になっています。

はよいと——証明するのはきわめて簡単です（TSPの難解さの理由や100万ドルの獲得方法などの詳細については，123ページの「芸術の裏にある数学：巡回セールスマン問題」を参照してください）。訪れなくてはいけない都市を地図上の点ととらえると，TSPは点と点をつないでいく数学問題として考えることができます。

ボッシュがTSPアートを考案したのは，10年以上前のことでした。芸術的な意欲からではなく，教材として使うために線画に取り組むようになりました。オハイオ州のオーバリン大学で最適化のクラスを受けもっていたボッシュは，最適化がどれほど広く使われているかを学生に実感させようとしていたのです。最適化とは，スーツケースのパッキングから看護師の勤務シフトの調整まで，何らかの行動をとるときの最良のやり方を数学的に調べることです。

「子どもの送り迎えでどの道を通るべき？」「室温と冷蔵庫のどちらで発酵させたピザ生地のほうがおいしい？」など，日常生活の中では絶えず最適化が実践されています。

最適化は，製造や配送といった分野でとくに役立てられていますが，ボッシュはまったく別の分野で使ってみたいと考えました。そこで思いついたのが視覚芸術です。そのギャップがちょうどよいと思ったといいます。芸術と最適化の関係を示すことができれば，これ以上ない教材になるはずです。

TSPアートの制作は，もとの絵を点の配列に変換することから始まりました。色の濃い領域では点が密集していて，色の薄い領域では点の間隔が離れています。次に，コンピュータープログラムを使い，ある条件下で点と点を効率的につなげる経路——TSPの解——を特定しました。これは自分自身と交わらずに点をつなぐ経路を特定することによって得られます。

この技法がうまくいきだすと，みるみるインスピレーションが湧いてきました。ボッシュは2016年に，「完全にとりつかれてしまいました」と打ち明けています。

「1本につながった曲線は，終わりのない愛のメタファーなんです」

——ロバート・ボッシュ

肖像画のモデルには，冒頭の『モナ・リザ（Mona Lisa）』（ボッシュの初期作品の一つ）のほかにも，エイブラハム・リンカーン，フランケンシュタイン，友人，家族などを選びました。前のページの作品では，TSPの技法を使って『アダムの創造（Creation of Adam）』を緻密に再現しています。ミケランジェロが，バチカンのシスティーナ礼拝堂の天井に描いた壮大なフレスコ画の一部分です。ちなみに右が神の指，左がアダムの指です。

次のページの3部作『三人のハミルトン（Three Hamiltons）』では，ハミルトンの名をもつ三人の人物がTSPで表現されています。一番上はアメリカ建国の父アレクサンダー・ハミルトンですが，ブロードウェイミュージカル『ハミルトン』で制作と主演を務めたリン＝マニュエル・ミランダのハミルトンです。中央は『ターミネーター』と『ターミネーター2』のサラ・コナー役で知られる女優のリンダ・ハミルトン，一番下は1800年代にTSPにつながる問題をつくった数学者のウィリアム・ローワン・ハミルトンです。

この作品には，オタク向けのジョークが込められています。数学者のハミルトンは，19世紀にアイルランドのダブリン大学トリニティカレッジで学び，数学者，天文学者，物理学者として，数々の分野で多大な功績を残しました。1857年に，彼は正十二面体（12個の正五角形の面で囲まれた三次元図形）上，一つの頂点から出発し，すべての頂点を

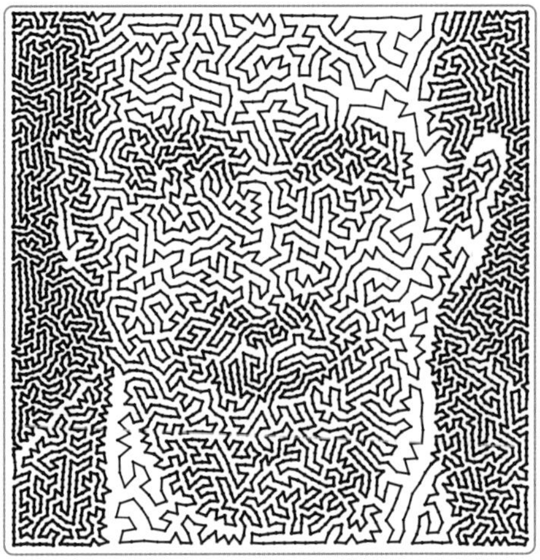

三人のハミルトンが数学問題を解いた瞬間。ロバート・ボッシュの『三人のハミルトン（Three Hamiltons）』には，ミュージカル『ハミルトン』で制作と主演を務めたリン＝マニュエル・ミランダ，映画『ターミネーター』の初期2作品に出演したリンダ・ハミルトン，数学者のウィリアム・ローワン・ハミルトンが描かれています。線画を形づくっている曲線は，それぞれが巡回セールスマン問題の解になっています。

必ず一度ずつ通るように辺上を渡って，出発点に戻ってくることはできるか，という問題を考えました。ハミルトンはこの問題をパズルゲームとして「世界一周ゲーム（Icosian Game）」と名づけ，おもちゃメーカーのジョン・ジャック・オブ・ロンドンに25ポンド（現在の価値で約3900ドル）で譲りわたしました。

いわゆるグラフはご存じだと思いますが，線分（つまり辺）でつながれた点の集合もやはり「グラフ」と呼ばれています。このグラフ上のすべての頂点を必ず一度ずつ通過する経路は，ハミルトンのパズルにちなんで「ハミルトン閉路」と呼ばれます。TSPの解はハミルトン閉路になりますし，グラフ上のハミルトン閉路を見つける問題はTSPに帰着します。これでおわかりでしょうか？　3部作では，ハミルトン閉路を使って三人のハミルトンを描いている，つまり，自分で自分の似顔絵を描いているようなものなのです。

さて，TSPアートはここからどう進んでいくのでしょうか？　ボッシュには新しいアイデアが次々に浮かんでいるそうです。たとえば，点の数を減らしながらも細部や芸術性は失われないように，TSPで線画を描こうという試みがあります。「制約の中でどこまで最善を尽くせますか」とボッシュは世界に問いかけています。また，線画以外の芸術的手法と最適化を組み合わせる試みもあります。ドミノでつくった肖像画もその一例ですし，最近ではTSPをもとに3Dプリンターで立体彫刻をつくっています。ボッシュの旅はまだ終わりそうにありません。

次のページの画像はナイトツアーという問題の解を表しています。ナイトツアーでは，チェスのナイトの駒を使ってチェス盤のすべてのマスを一度ずつ通過し，もとのマスまで戻ってこなければなりません。ボッシュは3Dプリンターによって解を立体的に描き出しました。駒の動きに沿って経路の高さが上下しているため，二次元の解よりもずっとたどりやすくなっています。やぐらや塔や壁のような立体構造は城か砦を思わせます（これとは別のバージョンでは，4回対称性をもつ経路も描いています）。

ボッシュはTSPアートを始めた頃，最適化の説明にうってつけとしか認識していませんでしたが，今ではもっと象徴的な意味を見出しています。1本の線だけでつくり出せる画像には，隠喩的な解釈を込められるのだといいます。たとえば120ページの『アダムの創造』は，二人の人物を1本の線で描くことによって根本的なつながりを表現しています。ボッシュは先日，元教え子の結婚祝いにTSPアートを贈りました。新郎新婦の肖像画をTSPで描いたのです。その作品は巡回セールスマン問題が単なる数学問題ではないことを証明しています。

「1本につながった曲線は，終わりのない愛のメタファーなんです」

ナイトツアーのパズルでは，ナイトの駒がチェス盤のすべてのマスを一度ずつ通過しなければなりません。ロバート・ボッシュの『ナイトツアー（Knight's Tour）』はチェス盤を取り払い，駒の経路だけを3Dプリンターで立体的に描いています。これは作品を上から見たときの図です。

芸術の裏にある数学：巡回セールスマン問題

経路と数学と芸術

巡回セールスマン問題（TSP）は，ある意味で完璧な数学問題です。わかりやすくて親しみやすく，多くの人を惹きつけます。この問題では，旅人が行きたい都市を一つ残らずめぐれるような最短経路を探ります。

「大切なのは，行き先ではではなく道のり」とはよくいわれますが，TSPはまさにその数学バージョンです。夏休みに車で旅行する一家，全国をめぐるバンドのツアーマネージャー，ピザの配達人，配送業者のドライバー。もっと日常的なレベルでは，誰でもお使いに出るたびに必ずこの問題を解いています。

世界旅行の予行演習

もう解き方の想像はついているのではないでしょうか。たとえば，スペインのバルセロナから出発して，スウェーデンのストックホルムとケニアのモンバサを訪れるとしたら，経路は「バルセロナ～ストックホルム～モンバサ～バルセロナ」と「バルセロナ～モンバサ～ストックホルム～バルセロナ」

の2通りです。どちらでも距離は同じなので，問題はもう解けました。数学さまさまです。

次は，ここにフランスのパリを加えてみましょう。経路が6通りになって，少し解きがいが出てきました。

今回は足し算が必要ですが，不可能というほど複雑ではありません。それぞれの経路の距離を足し合わせて，最短の経路を選びましょう。順方向と逆方向でペアになっているので，実際に計算する経路は三つだけです。

もう1カ所，テネシー州のナッシュビルを加えてみると，さらに数が大きくなります。出発地を除いた4都市を訪れる経路は，全部で24通りになりました。そろそろパターンが見えてきましたか？　都市を一つ加えるたび，前回の経路の数に今回の都市の数を掛け合わせています。

2都市＝2×1＝2
3都市＝3×2×1＝6
4都市＝4×3×2×1＝24
5都市＝5×4×3×2×1＝120

下：バルセロナから出発して，ストックホルムとモンバサを一度ずつ訪れ，もとの場所に戻ってくる場合，赤と緑で示した2通りの経路が考えられます。**次ページ：**どの経路でもバルセロナに戻ってきます。出発地が決まっている場合，3都市をめぐる経路は6通りあります。

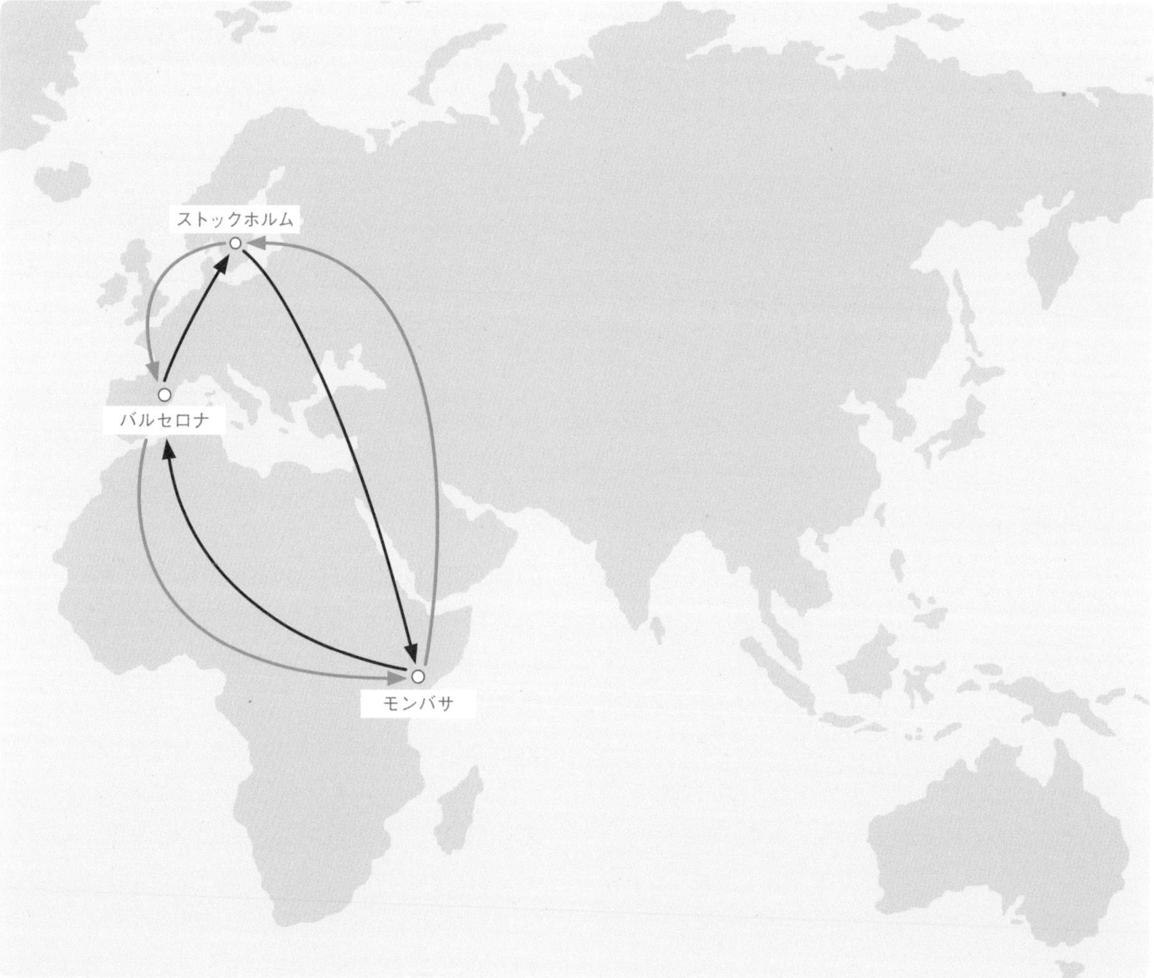

数学者はこのような演算を感嘆符で表して，その記号を階乗と呼んでいます。字面だけでいうと，そのほうが心の躍る数学問題になるでしょう。5の階乗なら5!と書いて5×4×3×2×1を表します。同様に4!＝4×3×2×1となります。

旅人が経路の組み合わせを数えるようなとき，階乗はとてつもなく便利です。しかも，問題があっという間に複雑になることも確かめられます。たとえば10都市を訪れるとしたら，10!＝3,628,800通りの経路を比べることになります。すべての経路には順方向と逆方向があるので，計算の回数は半分になるとはいっても，10!/2＝1,814,400通りの足し算をしなければなりません。

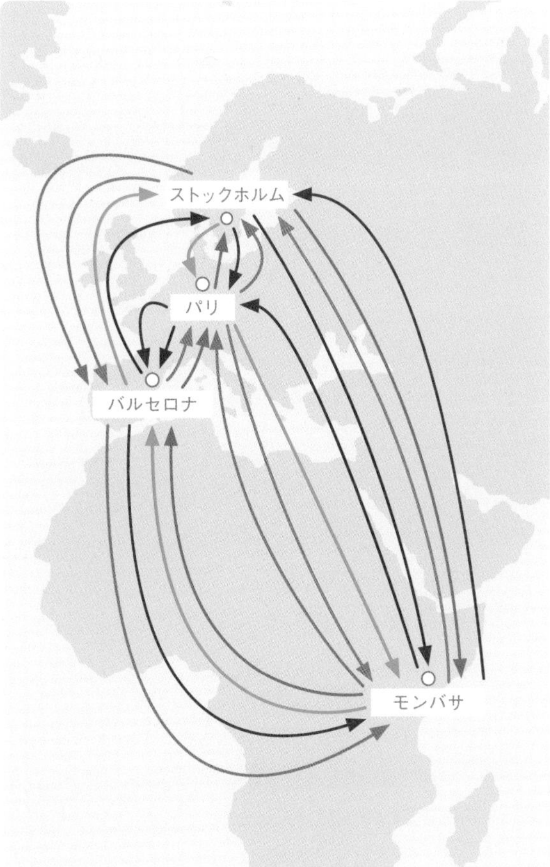

不可能というわけではありませんが，膨大な計算になるのは確実です。

さらに都市を足していき，どのくらい複雑になるか見てみましょう。たとえば，35カ所の都市を訪れる経路を考えるとしたら，必要な計算はなんと，5,166,573,983,193,072,464,833,325,668,761,600,000,000通りです。

では，100カ所ならどうでしょう？　こちらは約4.666311×10^{157}通り――4,666,311の末尾に151個の0が並んだ数――です。ちなみに，イリノイ州にある国立フェルミ研究所の粒子加速器の実験によると，地球に存在する原子の数はおよそ10^{50}個――1の末尾の0はたったの50個――と推定されています。

心配には及ばないと思いますか？　世界最速のスーパーコンピューターを使えばよいって？　確かにそうですね，試しておきましょう。2017年時点での世界一のマシンは，中国の無錫にある国立スーパーコンピューターセンターのTaihuLightです。処理スピードは93ペタフロップスなので，1秒間に9京3000兆回の演算を実行できます。参考までに，1000兆とは1,000,000,000,000,000または10^{15}です。

このTaihuLightに35都市の経路を入力し，答えを教えてもらうとしたら，計算はほんの1800兆年で終わります。ただし，ちょっとした問題はあるかもしれません。宇宙の年齢は約138億歳といわれているのをご存知でしょうか。つまり，TaihuLightが答えを導き出すまでには，宇宙の年齢の13万倍以上の年月がかかってしまいます。

解決のないジレンマ

TSP問題は，理論上は解けないわけではありません。都市（つまり点）の数にかかわらず，総当たり方式を使ってしまうと，計算が大規模になりすぎてしまい，事実上解けないというだけです。何兆年もかけずに計算する方法についても研究が重ねられていて，ここ数十年でかなり進展しています。たとえば，2006年に発表された解法を用いると，85,900カ所をめぐるTSPを解くことができます。とはいえ，TSPの一般解を求めるのはそう簡単ではないため，あまり期待しすぎてはいけません。カリフォルニア大学バークレー校のリチャード・カープ（Richard Karp）は1972年に，「すべてのTSP問題に適用できるアルゴリズムは現存せず，今後存在することもない」と述べています。つまり，都市数ごとの解は求められますが，すべての問題の解法がないという悩みはなくならないということです。個々のケースを解けることと，どんなケースでも解けると証明することは，数学でははっきり区別されるのです。

最適解を見つけて最適だと証明するのは無理だとしても，まあまあよい経路を見つけて，特定の別の経路よりはよいと証明するアルゴリズムであれば，これまでにいくつも考え出されています。

こうした問題の研究は，少なくとも19世紀半ばには始まっていました。本章の前半で紹介したハミルトンの世界一周ゲームは，初期に考案された問題の一例です。現在のようなTSPが登場したのは1930年代でした。オーストリアのカール・メンガー（Karl Menger）とニュージャージー州プリンストンのハスラー・ホイットニー（Hassler Whitney）が，数学の難問としてTSPに取り組み始めると，それからわずか10年ほどの間に，その他の分野でも役立つことがわかってきました。TSPは農業にも活用できますし，最適化という新しい研究分野――ロバート・ボッシュの専門分野――も加速させました。また，電子機器の設計，情報工学，量子計算といった幅広い分野で応用されています。

その解に賞金がかけられたこともあります。プロクター・アンド・ギャンブル社は1962年にコンテストを開催し，アメリカの33都市をめぐる最短経路の発見者に10,000ドルを支払うと発表しました。すると，二人の数学者が同じ距離の経路を発見し，同点決勝が行われることになりました。同社の製品についてエッセイを書く，という方法です。その結果，カーネギーメロン大学のジェラルド・トンプソン（Gerald Thompson）が，石けんについてのエッセイで優勝しました。

しかし，ロバート・ボッシュにとって重要なのは，賞金でもなければ，最短経路を見つけることですらありません。経路そのものの中に価値を見出すのが芸術家というものです。

P≠NP問題

21世紀に入る頃，クレイ数学研究所が七つの重大な未解決問題――いわゆるミレニアム懸賞問題――を発表しました。第10章で紹介したとおり，問題を解決した者には100万ドルが授与されます。その懸賞問題の一つでは，「見つけるまでには長い時間を要するわりに，答え合わせは短時間で終わる解」をもつ問題が扱われています。具体的にいうと，「このタイプの問題には短時間で解を見つける方法があるか？」というのが懸賞問題です。情報工学や応用数学の分野では「P≠NP問題」と呼ばれています。

「P」タイプの問題とは，多項式時間で解ける問題のことです。多項式時間とは要するに「おとなしい」長さの時間のことなので，処理能力の高いコンピューターさえあれば，P問題は短時間で解くことができます。一方，「NP」タイプの問題はまったく異なります。NP問題はイエスかノーの「判定」問題で，答えが正しいかどうかの確認作業は多項式時間でできますが，そもそも多項式時間で正しい答えを求められるかどうかはわかりません。

たとえば，ものすごく巨大な数――1000桁の数など――が与えられて，その素因数は二つしかないから求めてみろと言われたとします。答えを出すまでには相当な時間がかかるでしょう。ところが，その素因数はこれとこれだと言われたとしたら，ただ掛け合わせてみるだけで，正しいかどうかを簡単に確認できます。このように，巨大な数の素因数分解は困難ですが，素因数分解が正しいかどうかの確認作業は容易である特性があるため，数十年前からオンライン取引のセキュリティに活用されています。暗号化したメッセージ文は，ある巨大な数の素因数を知らなければ元に戻せないようにしてあるのです。ただし，そうしたシステムも量子コンピューターにかかれば脆弱です（140ページ参照）。

NP問題に話を戻しましょう。巡回セールスマン問題という問題があります。大量の点が与えられたとき，すべての点をつなぐ閉路（ループ）を見つけるとしたら，やはり相当な時間がかかります。逆に，閉路が一つ与えられたとしたら，それがすべての点につながっているかどうか，その経路がある定められた距離より短いかどうかは，確認することは簡単なはずです。そういうわけで，総距離に関する条件をつけたTSPはNP問題に分類されています。セールスマンの乗っているレンタカーが1000マイルしか走れない場合，経路の候補を与えられれば，走行距離が1000マイルを超えないかどうかは，セールスマン自身が走ってみればすぐに確認できます。

ミレニアム懸賞問題は，「NP問題がすべてP問題であると証明できるか？　あるいは，そうでないと証明できるか？」と問うています。NP問題とP問題は異なるというのが一般的な考え方ですが，そう考えているからといって証明にはなりません。100万ドルを獲得するには，答えの正しさを証明する――学生時代に数学教師から言われたように，きちんと示す――必要がありますし，数学界の専門家チームによる検証も経なければなりません。もちろん，これは悪いことなどではありません。優れた数学は，そうした証明からこそ生まれるのです。

12

機械の中の曲線

数学の抽象性は，ときに異世界を思わせます。永遠と今この瞬間とをつなぐ架け橋が数学です。アニータ・チョウドリー（Anita Chowdry）は，人間と不死の存在の間にある緊張を常に意識しながら，こだわりの現代的手法で数学の真理を表現します。描画装置さえも自ら組み立てました。そこから描き出される作品は，理想的な精神世界から届けられた数学的なメッセージに違いありません。

アニータ・チョウドリー

スチームパンクと鉄の魔神

ロンドン在住の芸術家アニータ・チョウドリーは，数学が自分のミューズになった瞬間をよく覚えています。2000年代の初頭，チョウドリーは，すでにベテランのイラストレーターにして，イスラム美術を研究する学者でしたが，新しいものを求めているような感覚をぬぐえずにいました。「もっと意味のあるものを見つけたかったんだと思います」。

今にして思えば，チョウドリーが数学に目を向けたのは必然だったのかもしれません。チョウドリーは分析的に考えるタイプだったうえに，イスラム美術を学問的な研究対象としていました。パターンや対称性を多用するイスラム美術は，昔から数学者をとりこにしています。チョウドリーは何年にもわたって，幾何学に囲まれて学んでいました。

「数学者にはずっと畏敬の念を抱いています」とチョウドリーは話します。

チョウドリーの探求の旅のきっかけは，イスラム美術の対称性ではなく，数学のフラクタルでした。どれだけ拡大しても繰り返されるパターンは，美的な感覚と分析的な感覚に同時に訴えかけてきます。チョウドリーはコンピュータープログラムをダウンロードして，フラクタルのパターンをデザインし，操作し，研究しました（フラクタルの詳細については第8章を参照してください）。「自分で生み出して

前ページ：「シャムサ」は「太陽」を意味するアラビア語です。装飾写本，布，カーペット，建築物などのイスラム美術にはシャムサのパターンが多用されています。アニータ・チョウドリーの『シャムサ（Shamsa）』では，この伝統的な模様が新しい数学的な道具に生まれ変わっています。

いるものを見て，すっかり圧倒されました。それは人工知能のようでした。脳に直接つながって想像力を解き放ち，それまで考えたこともなかった図形を描かせてくれたんです」。

「数学は星々につながる架け橋です」

――アニータ・チョウドリー

当初は20世紀のフラクタルをもとに版画を制作していましたが，16世紀のイラン周辺で発達した様式を取り込むことで，作品はさらなる輝きを得ました。古いのに新しい，歴史と数学と文化の新しいかたちの融合です。本章の冒頭に掲載した作品には，シャムサという絵柄が描かれています。16世紀から17世紀にかけて，王朝の写本の表紙に施されていた装飾です。チョウドリーは，16世紀のイランで発達した技法を駆使しつつ，図形の繰り返しからフラクタルが現れてくる様子も表現しています。

「スチームパンク」とは，異なる時代に誕生したテクノロジーのクールな違和感を演出することですが，チョウドリーのシャムサにはスチームパンクという形容が一番しっくりきます。すでに幾何学の旅を始めていたチョウドリーは，数学の世界をさらに突き進みました。次に学んだのは，フィボナッチ数とそこから生まれる自然界の黄金螺旋についてです（フィボナッチ数の詳細については35～40ページを参照してください）。

フィボナッチ数と螺旋も版画や彫刻に取り入れられましたが，フラクタルのときと同様に，それまでに見たこともない新しいかたちに仕立て直され，紙や金属でできた雪の結晶や貝殻として表現されました。

そうして曲線への興味が深まっていく中で1冊の本にたどり着き，またしても見たことのない複雑な曲線に出会いました。チョウドリーは本能的に，人間の手で描かれたことのない曲線だと感じ取りました。実際，その複雑で抽象的な曲線は，ハーモノグラフで生成された図形でした（下の例を参照してください）。ハーモノグラフとは，19世紀のヴィクトリア時代に発明された自動式の描画装置です。その曲線は，太古から自然界にあったはずなのに，人間の目で見るには機械を必要とする――チョウドリーはその事実に心を奪われました。

ハーモノグラフは，前後に揺れる二つの振り子によって動きます。振り子の周期（1往復に要する時間）は，理想上はひもの長さだけで決まりますが，現実的には空気抵抗や摩擦があるために遅れが生じます。一方の振り子には鉛筆などの筆記具が，もう一方には平らな描画面が取りつけられていて，二つの振り子の揺れに合わせて鉛筆が紙の上を行き来することで，幻想的な曲線が描き出されます。チョウドリーが出会ったのはこれでした。この曲線をもっと知りたいと思ううちに，自分のハーモノグラフがほしいと願うようになりました。

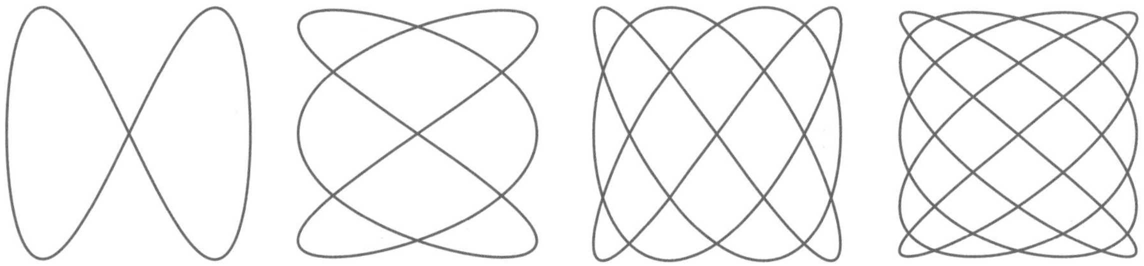

チョウドリーによれば，ハーモノグラフにまつわる有名な逸話があるそうです。その装置の誕生には，ある著名人の若き日の「お遊び」が関係していました。グラスゴー大学の数学部長を務めたヒュー・ブラックバーン（Hugh Blackburn）は，1840年代にケンブリッジ大学に入学し，ここで出会ったウィリアム・トムソン（William Thomson）と生涯の親友になりました。のちにケルヴィン卿を名乗ったトムソンは，絶対零度の正確な定義や熱力学第2法則の発見などで知られる数学者・物理学者です。ブラックバーンはケンブリッジ大学の在学中，自室のはりにロープで二重振り子を吊るしていましたが，その先端にはブランコ板と鉛筆も取りつけてありました。二人の大学生が振り子に乗り，ロープにつかまって左右にこぎながら，行ったり来たりする幾何学曲線を自在につくり出していたのでしょう。

ブラックバーンが考案する以前にも，二重振り子の描画装置がつくられたことはありました。その振り子に乗れたかどうかは定かではありませんが，それよりも，ブラックバーンの振り子がハーモノグラフにつながったことのほうが重要です。ヴィクトリア朝後期の上流階級で最新の娯楽としてもてはやされたのだろう，とチョウドリーは言っています（二重振り子はスピログラフの前身でもあります。スピログラフとは，振り子ではなく，歯車型の型板を使って周期的な曲線を描く定規です）。

チョウドリーは独学でハーモノグラフを学び始め，振り子，周波数，周期の関係や旋回軸からおもりまでの距離といった，複雑な原理や重要な構造を知りました。ロンドン芸術大学のセントラル・セント・マーチンズで修士課程を履修中だったこともあり，カレッジ内の機械加工場に問い合わせて，ハーモノグラフ製作を手伝ってほしいと依頼しました。この製作を学位取得のプロジェクトにしたのです。

「金属加工に明け暮れる日々を存分に満喫しました」とチョウドリーは思い返します。プロジェクトのために血と汗と涙を流した末，ついに2013年に，人の背丈ほどもある二重振り子の描画装置を完成させました。装置は『鉄の魔神（Iron Genie）』と名づけられました（下の写真）。それ以来，ハーモノグラフとその曲線（133ページ参照）についての講演で各地を回ったり，装置の基礎となる数学や科学について数学者と対談をしています。

チョウドリーはとりたてて信心深いほうではありませんが，『鉄の魔神』――とそこにたどり着くまでの数学の旅路――によって，芸術に対する考え方が大きく変わりました。まるで振り子を動かすときのように，何気なく『鉄の魔神』をつくり始めると，最終的に現れたのは，姿かたちをもたないままに長年存在していた何かだったのです。チョウドリーは，ハーモノグラフを自分の作品と呼びたがりません。

この探求はやめられないとチョウドリーは話し

アニータ・チョウドリーの『鉄の魔神（Iron Genie）』は数学界のスチームパンク

ます。「数学は本当に最高です。新しいことを知るたびに新しい衝撃があって，人間の存在をはるかに超えていると思います。数学は星々につながる架け橋です」。

芸術の裏にある数学：リサジュー曲線

四次元からのメッセージ

音はどんなかたちをしているのでしょう？　フランスの物理学者ジュール・アントワーヌ・リサジュー（Jules Antoine Lissajous）は，その答えをもたらす装置を1855年に発明しました。音のかたちは，エレガントで美しく，精密です。

21世紀初頭の住人にとっては，音を表した波形の曲線もとくに珍しくありませんが，1855年当時には，見えない音を見ようというアイデアは，未知で斬新なものでした。

リサジューの装置には2本の音叉《おんさ》が取りつけられていて，それぞれの先端には小さな鏡が貼られています。一つ目の音叉の鏡に細い光線を当てると，反射した光線が二つ目の音叉の鏡に当たり，さらに反射してスクリーンに当たります。このときに2本の音叉が単純な周波数比で振動していると，スクリーンに優美な曲線が映し出されます（単純な周波数比をもつ振動は3度，4度，5度，8度の音程を生じます）。

リサジューは楽器の調律を標準化するために，音叉の調律法として装置の普及を図りました。たとえば，調律前の音叉を調律済みの音叉で測定して，曲線の均一性を観察すれば，誤差を修正することができます。

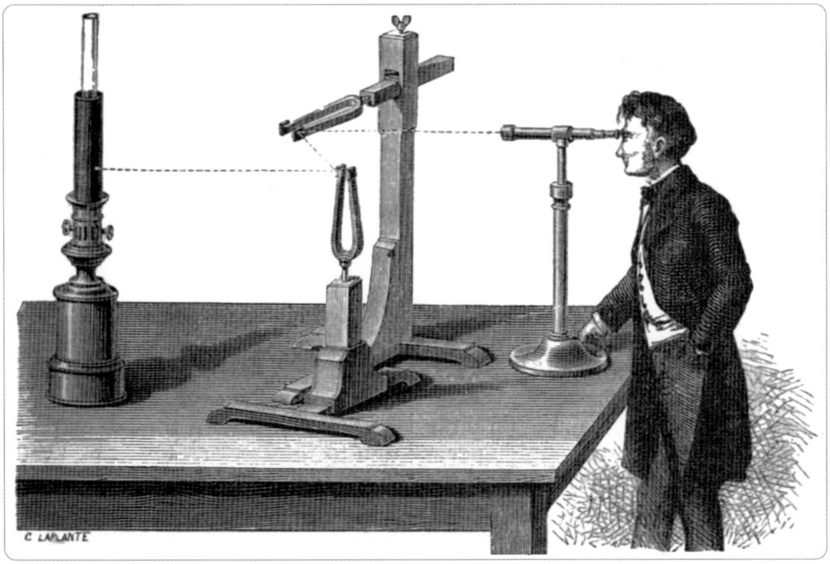

19世紀に描かれた実験の様子。フランスの物理学者ジュール・アントワーヌ・リサジューが発明した装置に音叉と鏡がついているのがわかります。

曲線の調律法

リサジュー曲線を表す方程式は，パラメトリック方程式と呼ばれます。変数yをxで表す方程式があるときに，xに値を代入するとグラフで表すことができます。パラメトリック方程式のxとyは個別に扱われ，それぞれの値はパラメータと呼ばれる第3の変数に依存します（たとえば時間をパラメータ変数として使います）。パラメータ変数tを調整するとxとyの値が変化するため，tの変化に対するxとyの応じ方を変化させることで，曲線を「調律」することができます。

このページに掲載した図形は，どちらもリサジュー曲線です。アニータ・チョウドリーの『鉄の魔神』のようなハーモノグラフで生成されています。シンプルな調波発振器（大ざっぱにいうと前後に動く機器）さえあれば曲線を生成できるので，実際の音は必要ありません。

『鉄の魔神』で描かれたパラメトリック曲線

アニータ・チョウドリーの『鉄の魔神（Iron Genie）』は，パラメトリック曲線を描くための装置です。二つの振動源が互いに作用して，このような曲線が現れます。

優美なリサジュー曲線を生成するためのポイントは，『鉄の魔神』に隠されています。ハーモノグラフには二つの振動源があり，互いに垂直に配置されています。一方の振動源は曲線を一定の方向（たとえばx軸方向）に動かし，もう一方の振動源はその垂直方向（たとえばy軸方向）に動かします。このように配置するとxとyは個々に振動しますが，最終的には合成されて鉛筆の動きを生み出します。

そうして描かれた滑らかな曲線には──それ自体は静止しているものの──振り子が一定のテンポで動いた様子がはっきりと示されます。言ってみれば，その曲線は，四次元を旅した記録を集めて二次元に投影したメッセージでもあります。そのうえ，チョウドリーの『鉄の魔神』からその曲線が現れ出る過程を目にすることは，機械や数学や物質すらない太古から自然界にいた何かが呼び覚まされ，かたちを与えられる瞬間に立ち会うことでもあるのです。

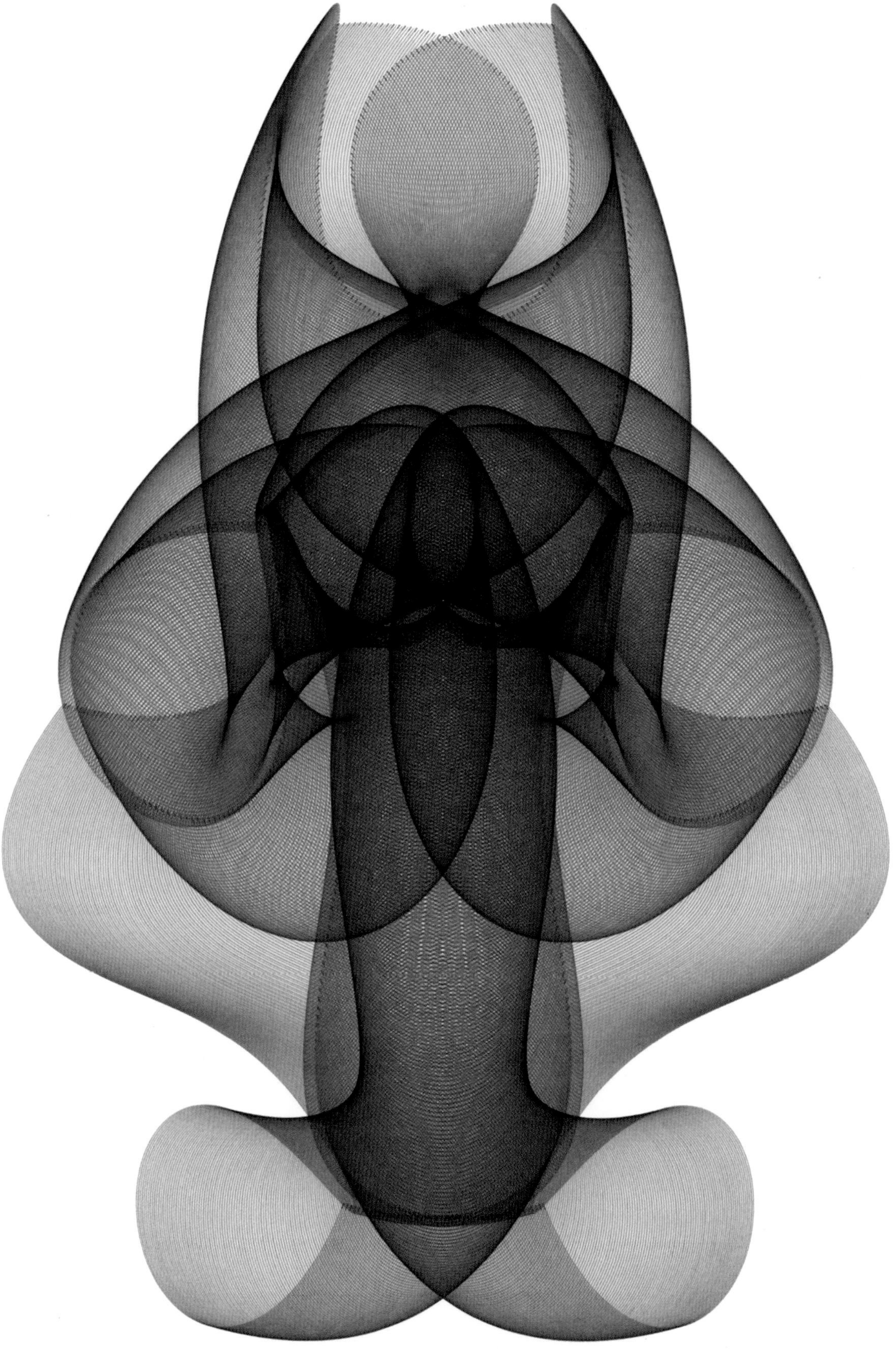

13

アートのアルゴリズム

芸術家のローマン・ヴェロスコは，当初はコンピューターの仕組みを知りたかっただけでした。ところが，コンピューターを分解してみて，コードに書かれた命令を回路，配線，トランジスタで実行する仕組みに目を見張ります。その結果，機械のアームから美を生み出すマスタープログラムを書き上げて，「ジェネラティブアート」や「アルゴリズムアート」と呼ばれる芸術を切り開くことになりました。その個性的な作風は，ほかの誰にもまねできません。

ローマン・ヴェロスコ

純粋な視覚表現を数学で探る

スペインのバルセロナから北西に40マイル（約64km）ほど離れたところにある，ベネディクト会のサンタ・マリア・モンセラット修道院は，のこぎりのような岩山の中腹に立っています。修道院を訪れるには，険しく起伏のある山道を2時間かけてトレッキングするのもよいですし，ケーブルカーで空の旅を楽しんでもよいですし，エアコンの効いた快適な電車で15分間のパノラマを堪能するのもお勧めです。モンセラット修道院には，ブラックマドンナと呼ばれるロマネスク様式の黒いマリア像が安置されています。幼いキリストを抱いた聖母マリアはガラス板で囲われていますが，片手だけはガラスの外に差し出されているので，訪れた人々は，直接握ったり，キスしたりすることもできます。自分のもう片方の手はキリストのためにあけておくのが礼儀だよ，と警備員が教えてくれるでしょう。

前のページに掲載した線画『ブラックマドンナ（Black Madonna）』は，名前も発想もこのマリア像に由来します。作者のローマン・ヴェロスコはミネソタ州ミネアポリスに住んでいて，1963年に初めてブラックマドンナを観覧しました（マリア像は「ラ・モレネータ」や「モンセラットの聖母」とも呼ばれます）。その当時，ヴェロスコはベネディクト会の修道士でした。二度目に訪れたのは2002年，心理

前ページ：ローマン・ヴェロスコ『ブラックマドンナ（Black Madonna）』。スペインのモンセラット修道院にある黒いマリア像に由来します。

学者の妻アリス・ワグスタッフ（Alice Wagstaff）とのスペイン旅行のときでした。その滞在中に二人はカタロニアの芸術家J・M・スビラクス（J. M. Subirachs）の線画を目にします。スビラクスは球体や立方体などの立体的な幾何学図形を使い，ブラックマドンナを抽象的に表現していました。ヴェロスコは想像力をくすぐられ，「自分でもつくれないだろうか」と考え始めました。

「どうせなら，コンピューターを使って描けないだろうか」。ヴェロスコはさまざまなメディアを使って作品をつくっていますが，アルゴリズムアートのパイオニアとして最もよく知られています。彼はコンピューターからアームを動かして絵を描く装置であるプロッターにいち早く目をつけ，それを作品制作に導入したのです。ヴェロスコが絵画を学んでいた1940年代から1950年代の初頭は，イギリスのマンチェスター大学でMark Iという部屋を埋め尽くすほどの巨大計算機が稼働して，ニュースで取り上げられていたような時代でした。

画家としてのヴェロスコは，20世紀初頭の表現主義運動の流れをくんでいます。ワシリー・カンディンスキー（Wassily Kandinsky）が，「作品の制作は見えないものを見えるようにすること」と言っていたように，表現主義では目に見えるままの世界に関心をもちません。自分なりの芸術という言語で世界を再構築し，誰も見たことのない現実世界の視覚化を試みていました。ヴェロスコも似たような道を歩み始めましたが，見えないものを見えるようにしたいという欲求は，ヴェロスコいわく「世界を変える」であろう新しい技術へと向かっていきました。

ヴェロスコは信仰にもあつく，ペンシルベニア州ラットローブにある，アメリカ最古にして最大の聖ヴィンセント大修道院で，1952年にベネディクト会修道士の誓いを立てました。それでも芸術を諦めることはなく，聖職者になってからも絵画制作を続けていました。*Washington Post*紙は1965年の記事でヴェロスコの活動を取り上げ，「俗世で活躍する学者肌の司祭」と紹介しています。ヴェロスコは宗教的な使命感と葛藤していました。そうしているうちに，1960年代の終盤に大変革が――個人的にも科学的にも――訪れます。まずは1968年にベネディクト会を脱会し，そのあとすぐに心理学者のワグスタッフと結婚しました。修道院で講義を受けもっていたワグスタッフと親しくなっていたのです。さらに続けて，コンピューター革命の兆しが見え始めました。

「コンピューターは間違いなく文化を変えると思っていました」と話すヴェロスコは，その革命に関わらずにはいられませんでした。

コンピューターがどうやって動くのか，芸術にどう役立つのかを知るために，プログラミングの講座を受講して，配線，トランジスタ，回路の基本も学びました。「バラバラに分解して仕組みを確かめたんですよ」とヴェロスコは振り返ります。「機械いじりの好きな人文主義者なんです」。ところが，コンピューターの仕組みがわかった結果，さらに複雑な疑問が浮かんできました。コンピューターのプログラムで芸術を生み出せないだろうか？

「夢見がちなところがあったので，一種のエキスパートシステムを自分でつくって，アイデアを芸術に変えられると確信していました」。

それほど惹かれた理由の一つは論理的規則です。ヴェロスコの作品は，ノーバート・ウィーナー，ジョージ・ブール，アラン・チューリングの三人の数学者に影響を受けています。コンピューターを厳密な論理的規則に従わせるうえでは，三人の研究のどれもが欠かせないものでした。「コードを書くなら数学も多少は知らないといけません」。1991年に出版されたジョージ・ブールの『法則の導出（Derivation of the Laws）』の限定版で，ヴェロスコは「アーティストによる解説」と題して次のように書いています。「この時代にジョージ・ブールが生きていたなら，二進数の1と0がオンオフのビットに対応しているアセンブリー言語を見て，さぞかし歓喜するだろう」。

ヴェロスコのコンピューターアートは，1980年代の初頭に第一歩を踏み出しました。1982年に初代のIBM PCを入手すると，まずは『偶然がもつ魔法の手（The Magic Hand of Chance）』という作品をデザインしました。赤・緑・青の3色対応のディスプレイを使って，パターンやイメージや単語を永遠にしかも繰り返しなく表示し続けるプログラムです。

次に，コンピューターに描画アーム（ペンプロッター）を取りつけて，『偶然がもつ魔法の手』のルーチンの一部をアームのプログラムに組み込みました。機械のアームを自分の腕の代わりに動かして，まったく新しいものをつくり出そうというのです。新しいといっても，ヴェロスコの想像の中にあるアイデアを表に出しているだけともいえます。コードがアイデアの生成を担い，ペンプロッターが実行に移します。PCがまだ身近なものではなく，テレビドラマ『マックス・ヘッドルーム』などで見かける程度だった当時としては，ヴェロスコの取り組みは，かなり非凡で，野心的でした。『偶然がもつ魔法の手』は，今でもヴェロスコの展覧会などで実行されています。2016年もこのプログラムからは「周期的に押し合い直角に交わる栄光」や「悲しげな静けさのあとに生まれる小枝」といった不条理な文章が生成され続けています。

コンピューターソフトウェアはコード，数列，文字列などで記述され，コンピューターに何をいつ何回実行するかを命令します。アルゴリズムとは，コンピューターが問題を解くためにその手順を示したレシピです。線を引き，筆を運び，何かの言語のような筆跡のグリフを生成するために，ヴェロスコは数多くのアルゴリズムを記述して，何十年もかけて改良してきました。そして，アルゴリズムアートのパイオニアとして世界的に知られるようになったのです。ヴェロスコは自身のアートを「ジェネラティブアート」とも呼んでいます。

さて，ヴェロスコの次の試みは，マスタープログラムとデータファイルを記述することでした。マスタープログラムは，すべてのルーチンをまとめて制御すると同時に，データファイルを読み込んで作品を生成します。マスタープログラムが作品を生み出すための体や腕や目といった身体だとしたら，データファイルはひらめきや想像力に当たります。ヴェロスコは，コードの記述と改良に数年を費やし，描画アームに複数の筆を取りつけ，多彩なインクや絵の具を使えるようにしました。1985年に出張講義で中国各地を訪れたときには，現地で見つけた筆をもち帰り，加工して描画アームに取りつけました。その筆を通して西洋と東洋の様式が結びつき，伝統的な技術と革新的な技術が一つになって，幻想的な

ローマン・ヴェロスコ『マリ・キュリー（Marie Curie）』。『学びの花々（Flowers of Learning）』と呼ばれる7部作の一つです。ペンとインクの線画で学びの庭を表現しています（138ページ参照）。

絵画が生み出されました。「Hodos」と名づけられたマスタープログラムには，これまでの作品制作に使われてきた約30年分のアート作品生成ルーチンが組み入れられています。

134ページに掲載した線画を生成したアルゴリズムは，山中の修道院を訪れたときのインスピレーションをもとに書かれたものです。ヴェロスコはサイズや配色を変えながら，複数のブラックマドンナを制作しています。その作品のいくつかは，モンセラット美術館，ロンドンのヴィクトリア・アンド・アルバート美術館のデジタルアートコレクション，ヴェロスコが所属していた聖ヴィンセント大修道院，聖ヴィンセントカレッジに展示されています。

137ページに掲載したカラフルな線画は，プロッターとペンとインクで描かれた『学びの花々（Flowers of Learning）』と呼ばれる7部作の一つです。7点の作品は，ケンタッキー州ルイビルにあるスポルディング大学の学習センターに常設展示されています。この大学で教鞭をとったナザレ慈善修道女会の七人の修道女たちをしのんで制作されたもので，ワグスタッフもその教え子の一人でした。線画に添えられている文字のようなものは，作品に関連した言葉をもとにコードから生成したグリフです。作品の中で，数学，技術，色彩，アイデアが溶け合いながら，学びの庭である大学を称えています。ヴェロスコは，作品の解説文に，数学的な意味にも精神的な意味にもとれる一文を書いています。「その満たされた庭は，どれほど求めても手が届くことはないが，それでもなお手を伸ばせと我々をいざなう」。

ヴェロスコは，大規模なプロジェクトも手がけています。2011年のノーザンスパーク・フェスティバルというミネアポリスの年中行事では，『3階建ての製図機（Three Story Drawing Machine）』というパフォーマンスを出展し，ビルの壁にプロッターの描画面を映し出しました。日没に描き始めて夜明けに描き終わるまで，705分間にわたって描画の過程が上映されましたが，プロッターの動きには瞑想《めいそう》のような効果があるのか，アルゴリズムに従ってアームから線画が現れ出る様子に大勢が見入っていたようです。

ヴェロスコによれば，カンディンスキーやピエト・モンドリアン（Piet Mondrian）のように，現実世界の新しい見方を模索している芸術家にとって，コンピューターは空想を具現化するうえで重要なツールになっています。フラクタルの視覚化などは，コンピューターによって数学的なパターンを目視し，研究できるようになった代表的な例です（91ページの「芸術の裏にある数学：フラクタル」を参照してください）。

90歳を超えたヴェロスコは，アルゴリズムが諸《もろ》刃《は》の剣であることをよく承知しています。機械学習などのAI技術で強化されたアルゴリズムは，科学研究や創作活動などにはとくに不可欠なものになりました。それと同時に，「人々の暮らしに干渉して，破滅をもたらす可能性だってあります」。

最近は，生活のあらゆる面に介入するようなアルゴリズムが登場しています。アルゴリズムが人間に好き嫌いを指図し，趣味や買い物を決定しているのです。調査や娯楽のツールとしても優れていますが，「つい誘惑に負けてしまうと時間を無駄づかいさせられます」。強力すぎることは長所とは限らないとヴェロスコは忠告します。「今まさに，恐ろしいことが起きるかどうかの分岐点にあると思います。わたしの世代の人たちは，自分の生活がどれほど支配されているか気づいてもいません。気づかれないように支配しているからなんですがね」。

芸術の裏にある数学：アルゴリズム

数独はNP困難だってさ

アルゴリズムは，数学上のレシピです。本質的には，問題解決の手順を命令にしたシンプルなリストともいえます。携帯，ノートパソコン，タブレットなどで実行されているアプリやオペレーションシステムの中身を見てみると，コードで書かれたアルゴリズムが隠されています（他人のコンピューターからデータを盗んだり，不正に操作してビットコインを盗んだりするマルウェアがありますが，あれもアルゴリズムで実行されています）。このレシピは，キーボードの操作やオンラインの行動を入力として受け取り，それに応じた手順を実行します。たとえば，ブラウザーで50枚のタブを開いたとき，またそれによってMacの風車アイコンがまわり続けるのに耐えきれず「強制終了」をクリックしたときに，何を起こすかやどう対処するかを制御してくれます。

アルゴリズムはとりたてて新しいものではないですし，誰でも学校で教わっています。たすき掛け（FOIL法）や平方完成もアルゴリズムです（「FOIL」は「First, Outside, Inside, Last（最初，外側，内側，最後）」の略で，二項式の掛け算の手順を表していますが，この方法を使わない数学教師も増えています）。

バビロン，中国，エジプト，ギリシャ，インドといった古代文明でも，問題を解決するときにはアルゴリズムが開発されていました。たとえば，ピタゴラスの定理は，直角三角形の底辺と高さの数をそれぞれ2乗し，その和の平方根をとって，斜辺を得るというアルゴリズムです。

エラトステネスのふるいも，古代のアルゴリズムとして有名です。本当にエラトステネスが発見者だったのかどうかはさておき，紀元前2世紀に考案されたといわれています。このアルゴリズムは，特定の数以下の素数を見つけ出すための命令です。その手順はごく単純で，素数でない数をすべてふるい落とす，つまり，合成数をすべて取り除いていきます。まず，1はそのまま残して2に進みます。2は素数なのでそのまま残して，2の倍数（つまり偶数）をすべてふるい落とします。残っている先頭の数は3ですが，3は素数なのでそのまま残して，3の倍数をふるい落とします。次の先頭の数は5なので残し，その倍数を……という手順をある段階まで続けていくのです。

古代のレシピ

アルゴリズムの概念は昔からありますが，アルゴリズムという言葉はそれほど古くはありません。その起源はペルシャの数学者・天文学者・占星術師アブー・アブドゥッラー・ムハンマド・イブン・ムーサー・アル＝フワーリズミーにさかのぼります。アル＝フワーリズミーは，9世紀にアラビア数字を使った計算を広めたことで知られ，彼が著した解説書は，12世紀に『Algoritmi de numero Indorum』というタイトルでラテン語に翻訳されています。この「Algoritmi」はアル＝フワーリズミーのラテン語表記で，アルゴリズムの語源になりました（アル＝フワーリズミーの詳細については198〜200ページを参照してください）。

コンピューターに使われるアルゴリズムの基礎ができたのは，代数をつかさどる標準や規則が盛んに定められていた19世紀の中頃でした。イギリスの数学者ジョージ・ブール――ローマン・ヴェロスコの3大インスピレーションの一人でもあります――は，1847年に『論理の数学的分析』（1977年，公論社）を出版し，アリストテレス論理学の概念を代数学に応用しました。現在の代数学や論理学で使われている記号の多くは，このときに定められました。ブールは「すべてのXがYであるとき，Yの一部はXである」などの概念を定義して，代数記号に変換したのです。今でも，2値のいずれか（真か偽か）を返すような代数演算はブール論理と呼ばれていますし，二進法（1か0）の革新的な発想はあらゆるテクノロジーを支えています。プログラムを実行するときも，電話をかけるときも，アプリを開くときも，キャンディークラッシュ®のスコアを上げるときも，コンピューターは何百万個ものトランジスタのスイッチ（1か0か，オンかオフか，真か偽か）に基づいて，複雑なレシピを実行しています。

「アルゴリズミスト」と呼ばれる人々は，遊び心にあふれています。国際学会「アルゴリズムで楽しもう（Fun with Algorithms）」は2年に一度開催され，多くの数学者や情報工学者で毎回大いに盛り上がります。2018年の秋には，イタリアのラ・マッダレーナで第9回会議が開催されました。タイトルからも想像がつくように，遊びやひねりのあるアルゴリズムを扱うことが論文の投稿要件です。たとえば，2016年の第8回会議では，次のような論文が発表されました。

- 『Super Mario Bros. Is Harder/Easier Than We Thought（スーパーマリオブラザーズは思っていたよりも難しいか易しいか）』
- 『Building a Better Mouse Maze（効率的なマウスメイズの構築）』
- 『How to Solve the Cake-Cutting Problem in Sublinear Time（ケーキ分割問題を劣線形時間で解決するには）』
- 『This House Proves That Debating is Harder Than Soccer（当院はディベートがサッカーより困難であることをここに証する）』

こうした論文の大半は，「パズルを解くアルゴリズムを書けるだろうか」という共通の疑問から出発しています。キャンディークラッシュ，数独，賢くなるパズル®などをプレイしているときに，「確実に解ける動きを一気に実行できないか？」という疑問を抱くのと一緒です。

量子の世界へ

その答えは簡単ではありません。実は，そうしたゲームの研究者たちは，クリアするためのプログラムを書くことにはあまり興味がなく，「そのプログラムが存在し得るかどうか」を重視しています。そして，「イエスならそれが最適だと証明できるかどうか」「ノーならそれが存在しないことを証明できるかどうか」を知ろうとします。

言い換えれば，人類の知識と能力の限界を探ろうとしているということです。

この疑問は，P≠NP問題の中核でもあります。P≠NP問題とは，情報工学分野で最も有名な未解決問題の一つです（P≠NP問題の詳細については127ページを参照してください）。キャンディークラッシュは意外にも，NP問題の中でもとくに難しいタイプであるNP困難問題として知られています。

量子コンピューターにとっても，アルゴリズムは生命線です。量子コンピューターは，従来のコンピューターで扱う情報の基本単位であるビットの代わりに量子ビットを用いてアルゴリズムを実行します。量子ビットは「重ね合わせ」という状態が存在しています。従来のビットにはオンとオフ（1と0）という二つの状態しかありませんが，重ね合わせ状態の量子ビットは，0と1を同時にもっています。「0になる確率と1になる確率がある」と言えばわかりやすいでしょうか。量子コンピューターの世界では，この重ね合わせを用いることでアルゴリズムを大幅に高速化できるため，従来のコンピューターで実行されるアルゴリズムでは到底太刀打ちできません。

量子コンピューターのアルゴリズムは，サイバーセキュリティを脅《おびや》かしています。1994年にマサチューセッツ工科大学の数学者ピーター・ショア

（Peter Shor）は，どんな数でも素因数に分解できる量子コンピューター用のアルゴリズム――ショアのアルゴリズムと名づけられています――を提案しました。従来のコンピューターで実行される既存のアルゴリズムと比べると，圧倒的に高速に因数分解を解くことのできるアルゴリズムです。これは情報社会に大きなインパクトを与えるといわれています。現状，インターネット上で情報を送信するときには，巨大な素数の積を使って情報が暗号化されています。サイバー窃盗犯にも時間の制約があり，そうした巨大な数は，素因数分解に時間がかかりすぎて現実的には不可能だという前提があるからこそ，高いセキュリティを確保できていたのです。ところが，ショアのアルゴリズムは短時間でこれを解いてしまいます。量子コンピューターがオンラインで稼働する前までに暗号化のアルゴリズムを変更しなければ，大量の個人情報が被害にあってしまうのは間違いありません。

サイバーセキュリティを破れる量子コンピューターはまだつくられていませんが，各企業は実現に向けて着々と動いています。IBMやGoogleをはじめ，多くの企業で量子コンピューターの開発が進められていて，未来はもう現実になりつつあります。アルゴリズムアーティストのローマン・ヴェロスコが1970年代に兆しをとらえ，現在懸念しているまさにその現実です。そこでは，アルゴリズムが人間に合わせて動くのではなく，増殖していくアルゴリズムのほうに人間が合わせなければならないのです。

■ ■ ■

バイナリーコードのイメージ画像

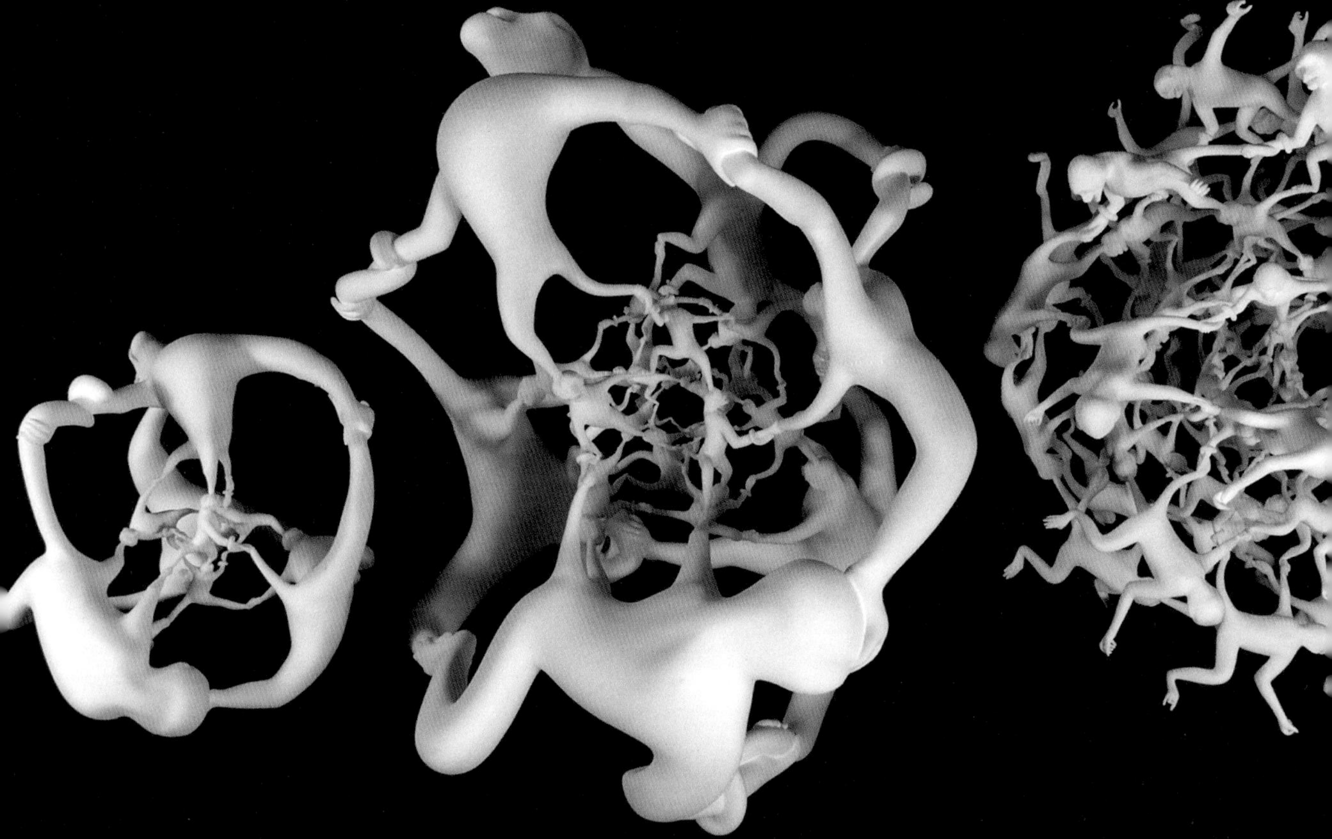

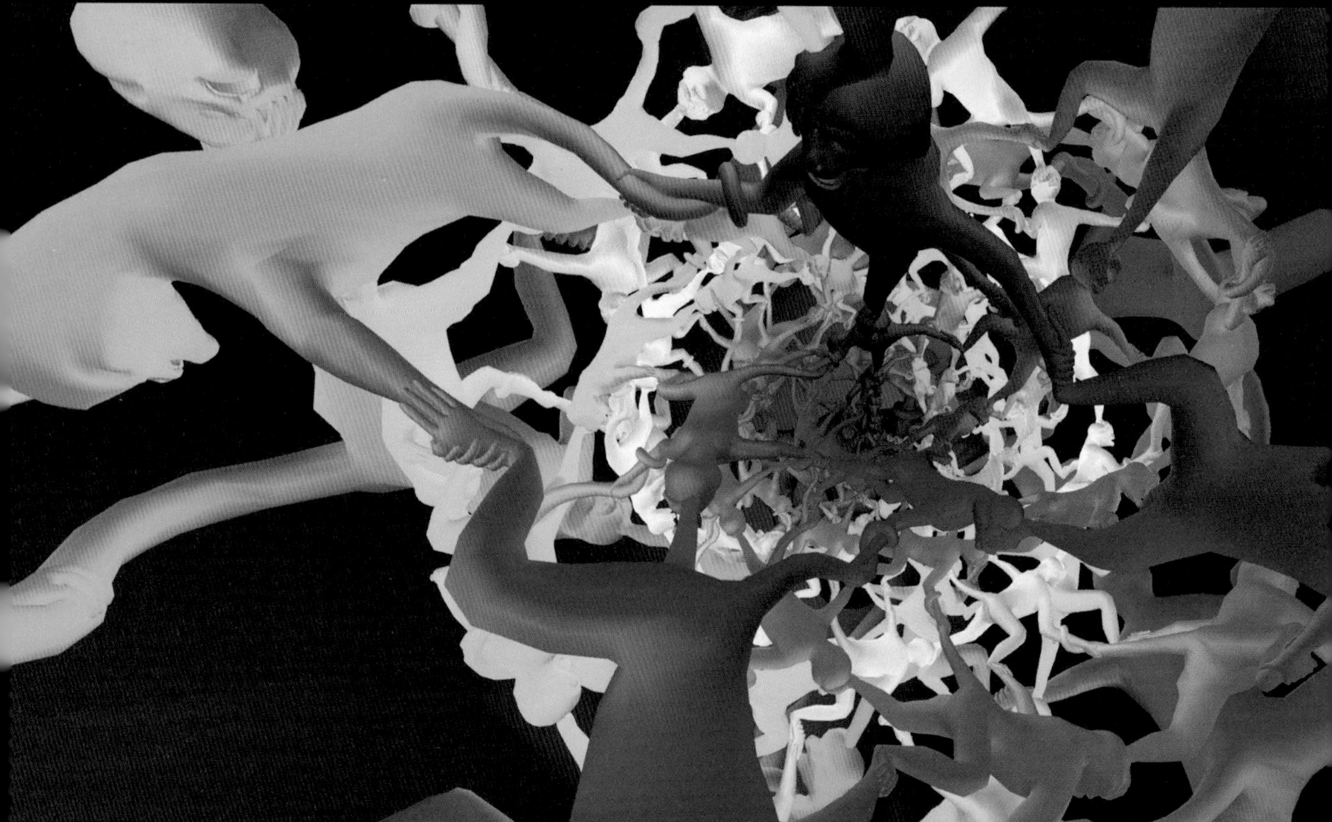

14

投影

3Dプリンターが普及したおかげで，数学アーティストは頭の中にあるアイデアをソフトウェアで変換し，そこから立体的な作品にまで出力できるようになりました。一般的な3Dプリンターでは，積層造形という技術が使われています。積層造形とは，物体を下から上へ1層ごとに積み上げていくつくり方です。オクラホマ州立大学スティルウォーター校の数学者ヘンリー・シーガーマンは，3Dプリンターで彫刻を制作し，美しい数学的対象に実物のかたちを与えます。その作品は美的な面と機能的な面を併せもつとともに，二つの空間のつながりも表現しています。

ヘンリー・シーガーマン

何かしら妙なことが起こる

2015年のブリッジズ・カンファレンスは，メリーランド州のボルチモア大学で開催されました。ヘンリー・シーガーマンは分野を超えた共同制作チームをつくり，その代表として会合に参加して，四次元のサルの群れをもち込みました。作品に四次元を取り入れるのがシーガーマンの身上です。

現在は，ブリッジズこそが数学アートの発信基地なのかもしれません。数学アートと呼ばれるジャンルの年次大会であるブリッジズ・カンファレンスでは，研究発表，美術展，詩の朗読，コンサートなどのイベントが数日間にわたって繰り広げられます。数学とアートの融合を奨励し，新しい試みを支援してきたブリッジズの場でさえも，四次元のサルは前代未聞のアイデアでした（本書で紹介している数学者の多くは，ブリッジズで作品を発表しています。86〜90ページで紹介したロバート・ファザウアーはほとんどの美術展の企画担当です）。

シーガーマンとその友人たちのインスタレーション作品『サルまね（Monkey See, Monkey Do）』は，二つのパートで構成されていました。一つ目のパートは，何頭ものサルが複雑に絡み合った3点の小ぶりな彫刻です。それぞれのサルは手を

前ページ：VRを使ったインスタレーション作品『サルまね（Monkey See, Monkey Do）』は，ヘンリー・シーガーマン，ヴァイ・ハート，アンドレア・ホークスリー，ウィル・シーガーマン，マーク・テン・ボッシュの共同制作による作品です。四次元空間の幾何学図形を何頭ものサルでつくり上げています。

つなぎ合い，背筋を反らして，互いの頭を踏みつけています。二つ目のパートは没入型のVR（仮想現実）体験です。バーチャルなサルに囲まれながら，1頭ずつをアップで観察できました。

彫刻のサルはでたらめに絡み合っているわけではありません。あるサルの足を別のサルの顔につないだり，互いに手を取り合わせたりしているのは，プラトン立体を形づくるためです。しかも，四次元版プラトン立体です。プラトン立体（つまり正多面体）は特徴的なので，誰でも一目でわかります。すべての平面が合同な正多角形でできていて，それぞれの頂点に同じ数の面が集まっている立体です。

プラトン立体は，三次元空間には5種類しかありません。立方体，正四面体（正三角形4枚でできたピラミッド），正八面体（正三角形8枚でできたダイヤモンド），正十二面体（12面がすべて正五角形），正二十面体（20面がすべて正三角形）。たったこれだけです（プラトン立体の詳細については64ページの「芸術の裏にある数学：多面体の動物園」を参照してください）。四次元版プラトン立体（多胞体といいます）が6種類あります。とはいえ，このパターンでずっと増えていくのではなく，五次元やそれ以上の高次元多胞体はたったの3種類しかありません。

シーガーマンのサルの立体は，複数の数学アーティストの共同制作による作品です。シーガーマンはヴァイ・ハート，アンドレア・ホークスリー（Andrea Hawksley），ウィル・シーガーマン（Will Segerman），マーク・テン・ボッシュ（Marc ten Bosch）と協力して，四次元版プラトン立体が三次元でどう見えるかを探究しました。

異次元空間でどう見えるかとは，どういう意味なのでしょうか？　その感覚をつかむために，自分が二次元の生き物になって，二次元の紙の上で暮らしているところを想像してみてください。二次元にいるときに球面の見た目をどんなに説明してもらっても，三次元の経験がないのですから，まったくピンとこないはずです。

もしも二次元の自分の近くを球面が通りすぎたとしても，その全容を知覚することはできません。小さな点が徐々に広がって円になり，円がどんどん大きくなって球面の赤道の大きさに達すると，今後はどんどん小さくなり，縮みきって小さな点に戻る……という風に見えるだけです（このイメージはエドウィン・アボット・アボットの小説から拝借しました。イギリスの教員であったアボットが1884年に出版した『フラットランド』は，最初から最後までこの概念を貫いた空想冒険物語です）。

シーガーマンたちは3点の彫刻で3種類の四次元多胞体を形づくりました。最もシンプルなのは正八胞体です（超立方体とも呼ばれます）。三次元空間で正八胞体を表現すると，立方体の中に別の立方体を収めて，互いの角をつなぎ合わせたような見た目になります。立方体が6面の正方形でできているように，正八胞体は8個の立方体でできています。『サルまね』の正八胞体をよく見てみると，立方体の内側に1頭ずつサルがいて，それぞれの手足，しっぽ，頭が絶妙に配置されているため，彫刻にいくつものエキゾチックな対称性が現れています。

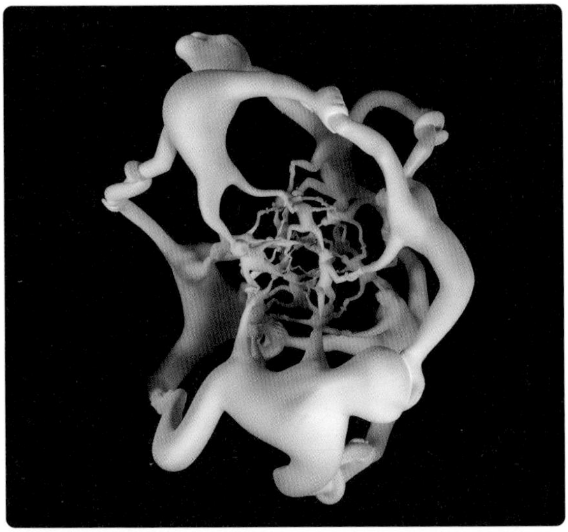

『サルまね（Monkey See, Monkey Do）』の立方体の細部

次にシンプルな四次元多胞体は——本当はまったくシンプルではないのですが——正二十四胞体という図形です。正二十四胞体は24個の正八面体からできており，それは24個の頂点，96本の辺，96面の正三角形という構成要素からなっています。四次元空間に入り込んで正二十四胞体を組み立てるとしたら，つまようじが96本あればよいということです。そして三つ目の彫刻は，正十二面体の四次元バージョンである正百二十胞体です。

こうした図形を目の前にすると——サルで表現されていなくても——思わず思索に耽ってしまいますが，シーガーマンたちはさらに一歩踏み込んで，没入型のVR体験までつくり出しました。ヘッドセットを装着すると，部屋いっぱいの巨大な彫刻に入り込み，ふくらんだり回転したり絡まったりするサルを間近でじっくり観察できます。回転するサルを眺めているうちに愉快な気分になってきて，いつしか方向感覚もなくなってしまいます。

> 「数学が導いてくれる先には，必ず面白いものが待っています」
>
> ——ヘンリー・シーガーマン

シーガーマンは，この彫刻を弟のウィルと共同制作しました。シーガーマンはオクラホマ州立大学スティルウォーター校の数学者です。幾何学図形のつながり方を扱う位相幾何学をはじめとして，視覚的な要素を伴う数学分野を中心に研究しています。数学に取り組むうえでは，常に視覚化を重視してきました。イギリスに暮らしていた子どもの頃から美術と数学の才能に恵まれていましたが，オックスフォード大学に進むに当たって，実用的な数学のほうを学ぶことに決めました。

「芸術は気まぐれなものです」とシーガーマンは訴えます。「自分のやっていることを誰も気に入ってくれなかったら，一体どうなるか……」。

しかし，芸術のほうがシーガーマンを放ってはおきませんでした。オックスフォードから数年後，カリフォルニア州のスタンフォード大学の大学院に在籍していた頃，シーガーマンはSecond Life®というオンラインの三次元仮想世界を見つけたのです。「その3D世界の中では何でも制作できました」。

三次元の結び目などの単純なものから始めて，少しずつ複雑なもの——サイバー空間に浮かぶ多次元の数学彫刻など——に移っていきました。Second Lifeの中で，バスシーバ・グロスマン（70～74ページ参照）に出会い，ブリッジズという数学アートのコミュニティーを知りました。仮想モデルから実物の彫刻をつくり出せることも，グロスマンから教わりました。シーガーマンは，実際にグロスマンのスタジオを訪れています。グロスマンは，「シーガーマンが数学彫刻家の道に進んだのは自分のおかげ」と冗談まじりに話しています。

シーガーマン本人は，実物の彫刻にするつもりなどなかったと言っていますが，その言葉とはうらはらに数々の作品をつくり出してきました。「数学アート業界には触覚にこだわるアーティストも大勢います。手でものづくりをする人たちです。自分はまったく違う方向から，この世界にたどり着きました」。

シーガーマンの作品になった数学の概念は，多岐にわたっています。シーガーマンは，三次元モデルを通して，抽象化や方程式にはできないやり方で数学の本質をとらえています。数学記号で書かれたときにはよく見えなかった概念も，シーガーマンの作品になると生命を吹き込まれ，はっきりと姿を現します。

次のページの作品『グリッド（Grid）』と147ページの作品『正六角形のタイル張り（Hexagonal Tiling）』は，立体射影の概念を物理的に表現したものです。『正六角形のタイル張り』では，球面から正六角形タイル張りが投影されていて，『グリッド』では正方形のタイル張りが投影されています（詳細

前ページ：ヘンリー・シーガーマンの『グリッド（Grid）』では，球面に刻んだパターンに光を当てて，平面上に投影しています。

上：ヘンリー・シーガーマンの『正六角形のタイル張り（Hexagonal Tiling）』。球面上での交差角度は，投影された影でも保たれています。

については148ページの「芸術の裏にある数学：立体射影」を参照してください）。真上で輝いている光が球形ランプシェードを通り抜け，その下にある二次元の平坦なシートに光と影からなるタイル張り模様を映し出しています。地図製作者たちは，何世紀にもわたってある数学的な疑問を探り続けてきました。どうすれば三次元の球面を二次元の平面に写しとれるだろう？　シーガーマンの作品は，その答えを物理的に示しています。

シーガーマンはインスピレーションにあらがえないのだそうです。それが彼の芸術――本人は芸術と呼びたがりません――を面白くしている一因なのかもしれません。新しい作品のアイデアが浮かぶと，その瞬間に引き込まれてしまい，つくらないではいられなくなります。これまで誰もやってこなかったし，これからも誰もやらないのなら，自分がやるしかない。「目の前にやるべきアイデアがあって，最適な場所にいるんですから」。

コラボレーションを通じてインスピレーションを得ることも，少なくありません。「ヘンリーは数学的なモデルをつくることで，数学に秘められた美しさを引き出しています」と話してくれたのは，カリフォルニア州のピッツァー大学に勤めるデイヴィッド・バックマンです。バックマンは，シーガーマンと頻繁にコラボレーションしています。

最近のシーガーマンは，「メカニズム」と名づけた動かせる彫刻の制作に励んでいます。しかし，なかなか期待どおりに動いてくれず，あり得ない動きばかりを見せています。理論的には正しく動くはずなのだそうです。モデリングソフトウェアでデザインし，3Dプリンターで造形し，数学上の問題点を解決し，方程式も成り立っているにもかかわらず，想定したとおりに動くかどうかは「本当に予想がつきません」。大抵は想定どおりどころか，蝶番が思いがけない方向に曲がったり，彫刻が自重に耐えきれずに崩れたり……。

ほとんどの試作品では「何かしら妙なことが起こるんです」とシーガーマンは話します。けれども，そうした奇妙さにはモデルの精巧さや数学的な確かさが根底にあるからこそ，シーガーマンの作品からはいつも新しい何かが現れるのです。「数学が導いてくれる先には，必ず面白いものが待っています」。

芸術の裏にある数学：立体射影

世界を平らにする方法

地図というものが描かれるようになり，この惑星のかたちが判明して以降，地球は丸くて地図は平たいという事実は，地図づくりに制約をかけてきました。地図が手書きの贅沢品だった時代に限ったことではありません。地図がドライブにもち出されるたび，位相幾何学的にあり得ない球面のたたまれ方で助手席のダッシュボードに置かれた時代にも，モバイル機器で簡単に表示されるようになった現在でさえも，あらゆる手で折り合いがつけられているのです。

球面を平面で表すときには，必ずゆがみが生じます。そのゆがみを最小限に抑えるべく，実直な地図職人たちは，最大限の努力を尽くしています。世界を平らにする方法として最も広く知られているのは，16世紀のベルギーの地理学者ゲラルドゥス・メルカトルにちなんだメルカトル図法です。メルカトル図法では，経線（垂直方向の線）と緯線（水平方向の線）が直交して引かれていて，球面の経緯線と同様に，互いに直角に交わっています。

この手法は，とくに航海に適しています。メルカトル地図に引いた直線は実際の方位と一致するので，その直線に沿って航行するだけで，目的地まで進んでいくことができます。ただし，赤道から離れた地域が極端に拡大される一方で，赤道付近の国々は縮小されるという欠点もあります。アラビア半島より小さいグリーンランドは南アメリカより大きく表示されますし，南極大陸は地図の下いっぱいに広がって，ほかの陸地をすべてまとめたような大きさに見えてしまいます。

点と点を対応させる

球面から平面への投影法はこの一つだけではありません。たとえば，ヘンリー・シーガーマンのモデルで使われていた立体射影と呼ばれる手法があります（146〜147ページ参照）。平面の上に乗った球面を思い浮かべてみてください。球面上の一点を平面上に投影するには，その点から球面の頂上の点――地球なら北極――に向かって直線を引き，その直線を北極からもとの点に向かってたどり，そのまま通りすぎて平面に達するまで進みます。すると，平面上の一点が定まります。

球面上で北極を除いた点は，この操作で平面上に投影することができます。ちなみに，今回の例で球面と平面が接している点は南極に相当しています。

この北極抜き球面と平面の間には1対1対応が存在します。1対1対応とは，どちらも同じ濃度をもっている，つまり，含まれる点の個数が同じという意味です（この点の個数は超限数です）。球面上にある北極以外の各点には対応する平面上の点が一つだ

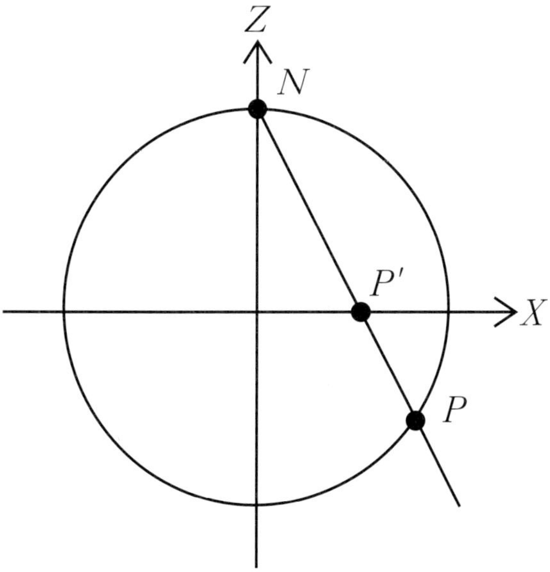

立体射影

けあり，逆に，平面上の各点にも対応する球面上の点が一つだけあります。立体射影を用いると，平面上の対応する点を見つけることができるのです。

ここで平面は限りなく広がっています。北極のすぐ横にある点を想像してみてください。北極からその点を通って直線を延ばすとしたら，はるか彼方まで延びていってしまいます。実際の用紙で立体射影を用いるときには，球面の部分だけを写すのが一般的です。地球表面を部分的に投影すると，次のページの地図のようになります。半球はきれいに円に投影されていますが，大陸の相対的な大きさを見ると，正しい比率が保たれていません。つまり，立体射影では距離の長さを正しく反映できません。

シーガーマンの146ページの3Dプリント製モデルでは，真上から光が当てて，ランプシェードの間を通り抜けることで，そのパターンが平面上に正方形のタイル張りとして投影されています。球面の上部には空間があいており，下部だけでこの模様を形づくっているのがわかるでしょうか。

立体射影の長所の一つは等角性という性質です。球面上の二つの曲線が特定の角度で交わっているとき，その曲線は射影した平面上でも同じ角度で交わります。言い方を変えれば，球面上の直角は平面上でも直角に表示されるということです。同じ角度が保たれていると，平面上の地図を見て知らない街を歩くときでも交差点や目印を見つけやすいので便利でしょう。

シーガーマンの作品をもう一度見てみましょう。球面に刻まれた直角は，平面でも直角になっているのがわかります。円も円のまま投影されるので，球面上に円を刻めば，平面上に円を形づくることもできます。ただし，この手法にも短所があります。シーガーマンの作品からも見てとれますが，線分の長さや面積が保たれないので，世界地図として使う場合，大陸のゆがみは避けられません。

三角法マニアに朗報！

方程式を書くのが好きな方に，ちょっとしたプレゼントです。たとえば，立体射影で球面を平面に投影したいとします。球面の半径は単純に1とし，球面の中心は原点としましょう。ここで平面と球面は赤道で交わるとします。球面上の点$(x,\ y,\ z)$があるとき，次の方程式を用いれば，平面上の点$(x',\ y')$を求められます。

$$(x',\ y') = (x/(1-z),\ y/(1-z))$$

$(x,\ y,\ z)$が球面上の点で，$(x',\ y')$が平面上の点ですので，混同しないように注意してください。投影法はまだほかにもあります。たとえば，北極から点を通って直線を引く代わりに，球面の中心から平面の外側に向かって直線を引く手法は，心射図法と呼ばれています。この手法では，下半球だけが投影されて，外周は大きくゆがみます。また，北極のはるか上方に基準点を置く手法は，正射図法と呼ばれています。この手法でも，球面の半分しか投影されませんが，実際に近い見た目を保つことができます。

立体射影の役割は，地図づくりだけにとどまりません。月，小惑星，火星などの天体の性質を研究している天体物理学者は，円を円のまま投影できる立体射影を好んで使います。山の隆起やクレーターの陥没といった地質学的な特徴を円で表現できるためです。また，アマチュアカメラマンでもプロカメラマンでも，現実をゆがめて撮りたいときには，立体射影を採用したフィルター，レンズ，アプリを使って独創的な立体写真をつくり出しています。数学者のヘンリー・シーガーマンの手にかかると，立体射影から3Dプリントの作品が生み出され，二つの図形のつながりが驚くほど鮮明に浮き彫りになります。

■ ■ ■

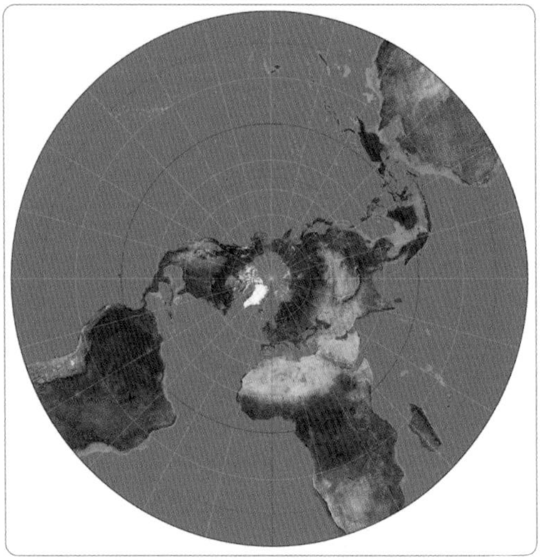

立体射影で南緯30度以北を投影した世界地図

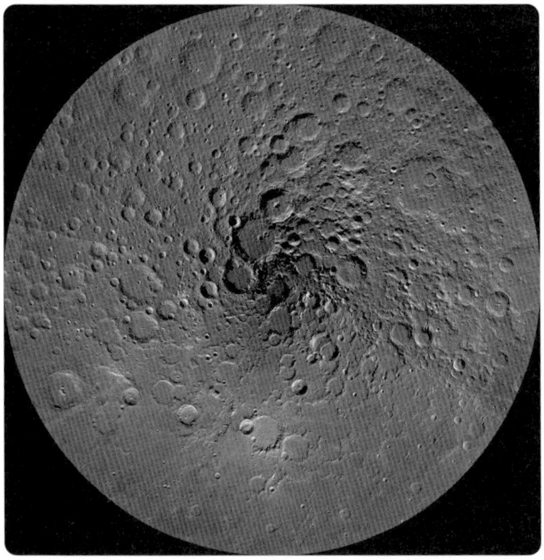

極心平射図法による月の北極の写真（NASA）

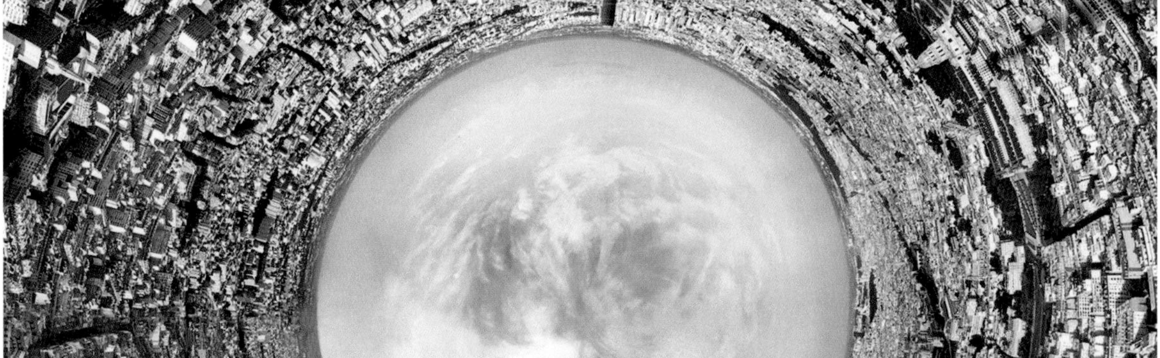

立体射影によるパリのパノラマ写真

第4部

（不）可能性

芸術はときに数学を通じて，日常空間で当たり前に成り立つ規則にあらがい，境界線さえも越えようとします。数学アートは，錯視，ゆがんだ幾何学，常識ではあり得ない対象などに迫り，オランダの芸術家M・C・エッシャーの魂を呼び起こします。階段を登り続けると下の階に行きつく家や，水源に向かって流れ落ちる滝など，エッシャーは存在しないのに存在しそうな空間を巧みに描き出しました。第4部で紹介する作品も，不可能の中に現実——あるいは現実の影——を忍ばせるという遊び心から生まれています。それでいて，数学の厳密な規則はしっかりと守られています。

ダイナ・タイミナ／フランク・ファリス／カーロ・セクイン／ビャーネ・イェスペルセン／エヴァ・ノル

15

編み目を追ってユークリッドの先へ

縫い物や編み物などの経験がある方なら，数学と手芸に共通点があることは，理屈のうえでも感覚のうえでもよく承知していると思います。ダイナ・タイミナ（Daina Taimina）は，かぎ針編みのパイオニアです。幾何学の法則はギリシャの幾何学者ユークリッドによって約2300年前に定められましたが，先見的な手芸のプロが法則に逆らい，その先を探究しようとすると，芸術的な作品——毛糸でつくられた曲線的な図形——が生み出されます。非ユークリッド幾何学のような数学的概念に向き合うとき，タイミナは証明や方程式で確かめるとともに，実際に体験してみることを重視しています。非ユークリッド幾何学は直観的にとらえにくい概念なのですが，タイミナの手の中では実体をもって現れます。型にはまらない視点でとらえれば，そうしたパターンや輪郭もすんなり理解できるのです。タイミナの手法は編み物界に新しい発想をもたらしました。今では世界中の愛好家によって，双曲幾何学の奇抜な概念に手触りのあるかたちが与えられています。

ダイナ・タイミナ

双曲空間をかぎ針で編む

ダイナ・タイミナは，ラトビアのリガで，裁縫，棒針編み，かぎ針編みに親しみながら育ちました。また，学校の数学の先生にあこがれて，自分もそうなりたいと夢見ていました。幼少期から変わることなく数学に情熱を傾けてきましたが，一つだけまったくの例外がありました。ラトビア大学で数学を学んでいたときのこと，双曲幾何学という必修科目の授業に出席すると，混乱するばかりだったというのです。教師が平らな黒板に直線や曲線を引きながら，平行線が云々と意味不明な説明をしましたが，タイミナにはわけがわかりませんでした。

「本当に嫌いでした」とタイミナは振り返ります。とはいえ，単位は無事に取得したそうです。「これで二度と双曲幾何学なんて考えなくてすむ，本気でそう信じ

前ページ：ダイナ・タイミナのかぎ針編み作品『擬球（Pseudosphere）』

ていました」。

ところが，その思惑は完全にはずれることになりました。現在のタイミナは，ある世界で双曲幾何学の代名詞になっているのです。タイミナは手芸と抽象数学を組み合わせ，新しい魅力的な分野を築き上げて，年々支持者を増やしています。構想から完成まで，一貫して双曲幾何学に基づいた芸術です。その作品を手に取れば，方程式など解くまでもなく，誰でも──普段は数学を敬遠している人さえも──図形や図形同士の関係の奥深い概念に触れることができます。作品に概念が現れているだけでなく，実際に手で感じることができるのです。

タイミナは，ニューヨーク州イサカにある自宅から電話取材を受けてくれました。あれこれ話している中で作品のつくり方を質問したとき，突然沈黙が流れました。電話が切れてしまったのか，それとも質問が気に障ったのかと，一瞬心配になったほどです。

タイミナはしばらく黙り込んだ後，「説明するのは難しくて」と切り出しました。「画家に絵を描く手順を聞いたりすることとはまた別の話なんです」。

かぎ針編みで帽子やマフラーをつくる人がいます。厚手のセーター，暖かい毛布，ふんわりしたスマートフォンカバー，動物のぬいぐるみをつくる人もいます。もちろんタイミナもすべてつくれますが，約20年前から手芸界と数学界でファンや同志を増やしているのは，そうした実用的な編み物ではありません。彼女は，双曲幾何学の法則に従った，印象的で，色鮮やかで，柔らかくて，暖かくて，ひだのついた球体を構築してきました。

手のひらに収まる柔らかいスポンジ状の球体から，8kg近くあるモンスター級の球体まで，どの作品をとっても，数学のもつ美しさを直に目で見て，手で感じられます。方程式に四苦八苦する必要もありません。

ところで，双曲幾何学という数学分野は知っていましたか？　いかにも難しそうな名前かもしれませんが，実際のところは自然界のありふれた現象にすぎません。植物や動物に見られる不思議でエレガントなデザインをかしこまって表したいときに使うのもよいですし，人間がつくったあるデザインを表すときにもよく使われます。そのデザインとは，馬

ダイナ・タイミナがかぎ針編みでつくる双曲平面には，自然界に見られる曲線や図形にそっくりなものもあります。

の背中に置く「鞍」です。幾何学者に「鞍のかたちを数学的に表現してほしい」と頼んだとしたら，「三次元空間に埋め込まれた双曲平面の一部分」といった答えが返ってくると思います。

たとえば，レタスのふちの縮れ，クラゲの波状の触手，サンゴやきのこの曲線，ウミウシのひだ状の体などは，すべて自然の中の双曲幾何学です。こうした曲がり方やゆがみ方が認識されたのは，ユークリッドを否定したことがきっかけでした（ユークリッド，幾何学，非ユークリッド幾何学の詳細については，159ページの「芸術の裏にある数学：双曲幾何学」を参照してください）。

双曲幾何学を探究すると，自然界の不思議でエレガントな形状を表現できるだけでなく，そうした奇妙な形状が，別の次元でどう振る舞うかも把握できるようになります。双曲幾何学をかぎ針編みで再現するときには，一つだけ大原則があるのだそうです。タイミナは「とても単純なことですよ」と，まるで常識であるかのように話します。「曲率を一定に保つんです」。

現実世界を図形としてとらえる場合，大まかには三つの基本図形に分類されます。一つ目は平面，要するにわたしたちが住んでいる世界です（人間の身長と地球の曲率の差は極端に大きいので，世界を平面とみなして建物や道路を建てています）。二つ目は正曲率曲面という図形です。ボールの表面に立っているようなイメージだと思ってください。そして，あまりなじみのない三つ目が負曲率曲面です。負の曲率をもつ曲面――いわゆる双曲平面――をイメージするには，鞍の上に立っているようなものだと思えばよいでしょう。前後が上向きに反り返っていて，左右が下向きに反り返っている状態です。本書の前半でヒラマン・ファーガソンが述べていたとおり，人間の体も正曲率の領域と負曲率の領域――

ダイナ・タイミナは双曲平面の美しいモデルをかぎ針編みでつくり出します。

たとえば肩と脇の下――でできています。

タイミナが双曲平面のかぎ針編みを思いついたのは，1990年代の中頃でした。ニューヨーク州イサカのコーネル大学で双曲幾何学の授業を受けもつことになり，1997年に双曲幾何学の勉強会に参加したところ，紙でつくられた双曲平面の模型が目にとまったのです。のちにタイミナの夫となる数学者のデイヴィッド・ヘンダーソン（David Henderson）が制作した教材でした。環状の薄い紙を何枚もテープで貼り合わせただけの模型だったため，触れたら壊れそうなほど繊細でもろく，タイミナは手に取るのを諦めました。

そして，もっと丈夫な模型を自分でつくろうと決心します。ヘンダーソンの双曲平面の型紙をよく調べてみると，紙とハサミとテープだけでつくれる単純な構造でした。ちなみに，ヘンダーソンは1978年にメイン州でキャンプとカヌーの旅をしたときに，双曲平面の模型の第1号をスイスアーミーナイフでつくったそうです。そのつくり方は，コーネル大学の数学者ウィリアム・サーストン（William Thurston）から夏期研修中に教わりました。

> 「数学と芸術を同時に考える方法はいくらでもあると思います」
>
> ――ダイナ・タイミナ

模型を調べ始めたタイミナは，紙の環を何枚も切り出すくらいなら，毛糸を使ったほうが楽だと気がつきます。それにはかぎ針編みが最適でしたし，編み方もすんなり思いつきました。原則としては，1段編むごとに目の数を増やしていけばうまくいくはずです。ただし，増し目の最適な比率が見つかるまでには，試行錯誤を繰り返しました。「最初の作品はひだがよりすぎて，目も当てられない出来でした」。

そこから改良に改良を重ね，ついに「双曲かぎ針編み」を誕生させました。サイズやかたち，毛糸の種類などを変えながら，これまでに何十点もの作品を生み出しています。素材，色，パターンの組み合わせによっては，自然界の生き物にうり二つの作品をつくることもできます。本章の冒頭に掲載した『擬球（Pseudosphere）』では，双曲的な図形の上をたどる道筋を色彩のコントラストで表しています。

2009年には『双曲平面とかぎ針編みの冒険（Crocheting Adventures with Hyperbolic Planes）』を出版し，自身の作品を解説しています。そのわかりやすさが高く評価され，アメリカ数学協会のオイラー賞を受賞したうえに，「世界で最も変な書名」に与えられるダイアグラム賞にも輝きました。参考までに，その年のライバルは『第三帝国のコレクタブルスプーン（Collectible Spoons of the Third Reich）』でした。

タイミナの作品は，世界中にインスピレーションを与えています。とくに大規模なスピンオフ作品は，『かぎ針編みによるサンゴ礁（Crochet Coral Reef）』と呼ばれるプロジェクトです。ロサンゼルスにある造形研究所（IFF）のマーガレット・ワーザイム（Margaret Wertheim）とクリスティーン・ワーザイム（Christine Wertheim）が，2005年に立ち上げました。オーストラリア生まれのワーザイム姉妹は，タイミナのアイデアに独自の解釈を加え，かぎ針編みでグレートバリアリーフをつくることにしたのです。海藻，ウミウシ，イソギンチャク，サンゴといったサンゴ礁の生き物をつくろうと，新しい種類の双曲図形を考案していくうちに，リビングルームはサンゴ礁で埋めつくされていきました。

現在，このプロジェクトの参加者は数千人にのぼり，ワーザイム姉妹のサンゴ礁に協力したり，各自のサンゴ礁をつくったりしています。グループ単位で小規模なサンゴ礁をつくり上げ，プロジェクトに統合しようという計画もあります。『汚染されたサンゴ（Toxic Reef）』という作品では，毛糸とプラスチックのサンゴを通じて，世界のサンゴ礁に迫りつつある脅威を訴えようとしています。

タイミナはといえば，数十年前に作品を考案して以来，双曲幾何学の教材としてずっと活用してきました。学生たちがかぎ針編みの双曲平面を手に取ると，抽象的な方程式がすんなりと意味をなしていきます。タイミナは子どもの頃，芸術の才能がないと指摘されたことがありました。それが今では数学アーティストと呼ばれているのです。「面白いものですね」とタイミナは言います。「芸術家には絶対に向いてないと言われたんですよ。数学者にはほかの生き方がないというイメージもありますが，数学と芸術を同時に考える方法は，いくらでもあると思います」。

芸術の裏にある数学：双曲幾何学

「悪いことは言わないから諦めなさい」

双曲幾何学は幾何学分野の反逆児です。反逆によって生まれ，反骨精神によって論争と新しい概念をもたらし続けています。双曲幾何学の物語は古代に起源をもちますが，重要なエピソードは，19世紀のハンガリーで証明に挫折するところから始まりました。

1775年にトランシルバニア近郊で生まれたファルカシュ・ボーヤイは，数学の才能と情熱にあふれた幾何学者でした。家庭教師や大学教員として，初級レベルの数学，物理学，化学を教えていましたが，教職だけでは経済的に厳しく，バーの経営，脚本の執筆，タイルの設計と販売などで生計を立てていました。ボーヤイは当時最高峰の数学者だったカール・フリードリヒ・ガウスと親しく，自身もユークリッドの著書『原論』を精力的に研究して，ユークリッドの第5公準の証明に ── 多くの数学者がそうであったように ── とくに熱心に取り組んでいました。また，これも多くの数学者と同様に，四つの公準から第5公準を証明したと主張しましたが，喜んだのもつかの間，友人のガウスから致命的な欠陥を指摘されたのでした。

1802年，妻ジュジャンナ・ベンコ（Zsuzsanna Benkö）との間に息子が誕生すると，父ファルカシュは息子ヤーノシュに幼いうちから高度な数学教育を施しました。ヤーノシュは父をしのぐ才能を示すとともに，やはり幾何学とユークリッドに傾倒し，平行線の研究に取り組みました。

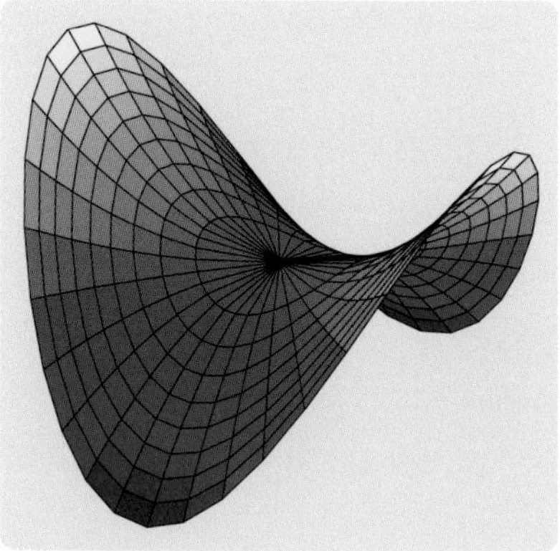

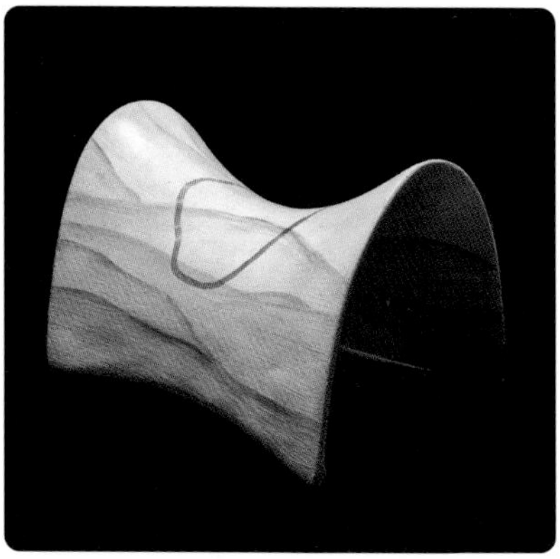

双曲放物面

ヤーノシュは10代の頃，「厄介な第5公準について妙案が浮かんだ」とファルカシュへの手紙に書いています。

ファルカシュは，次のような父親らしい忠告を返しました。「おぞましい誘惑とでも思って，関わらないようにしなさい。休暇も健康も休息も，人生の楽しみのすべてを奪われてしまうよ。その底なしの夜を経験したからわかる。わたしの人生の輝きや喜びは，その中に沈んでしまったのだ」。

ヤーノシュはいかにも10代の若者らしく，その忠告でむしろ決意を新たにして，数年後に非ユークリッド幾何学を発見しました。機が熟していたのかもしれません。同じ頃，ロシアの数学者ニコライ・ロバチェフスキーも平行線に関する論文を発表しました。現在，ヤーノシュ・ボーヤイは新しい幾何学分野を築いたパイオニアとして知られています。その幾何学の礎となったのは，「ユークリッドの第5公準に背いたらどうなるか」という単純な疑問でした。

ヤーノシュは，ファルカシュに宛てて，「まったく新しい世界の創造に成功しました」と誇らしげに報告したといいます。

双曲幾何学とは，ユークリッドの法則の一つを否定したときに生じる概念です。ギリシャの幾何学者ユークリッドの『原論』には，幾何学の基礎をなす五つの法則が定められています（『原論』はユークリッド個人の研究成果というよりも，当時知られていた数学知識の集大成のようなものです。物理学者スティーヴン・ホーキングは，著書『神が整数を創造した（God Created the Integers）』の中で，ユークリッドを「史上最も偉大な数学百科事典の編集者」と呼んでいます）。

その五つの法則こそが，先ほどから登場している「ユークリッドの公準」です。四つ目までは単純明快です。

1. 二つの点があるとき，点と点を結ぶと線分が引ける。
2. 一つの線分を引いたとき，無限に延長すると直線が引ける。
3. 一つの線分があるとき（1を参照），線分の一端を中心として，線分の長さを半径とする円が描ける。
4. すべての直角は合同である。すなわち，すべての直角は等しい大きさ（90°）をもつ。

物議をかもしてきたのは，次の五つ目の公準です。「二つの直線に一つの直線が交わり，その直線の同じ側の交点にできる二つの内角の和が2直角より小さいなら，最初の二つの直線は（限りなく延長していけば）いずれどこかで交わる」。このままでは回りくどいので，数学者たちが検討する際には，次のように言い換えられます。

- 三角形の内角の和は常に180°になる。
- 四つの辺をもつ図形の三つの角が直角なら，四つ目の角も直角である。
- 一つの直線と一つの点があり，点が直線の上にないとき，点を通り直線に平行な別の直線は一つしか存在しない（スコットランドの牧師で数学者のジョン・プレイフェアにちなんで，プレイフェアの公理と呼ばれます）。
- 上記のような定義から，公準そのものに「平行」という単語が使われていなくても，ユークリッドの第5公準を「平行線公準」と称する。

数学者たちは，ユークリッドの第5公準にずっと違和感を覚えていました。数千年前から四つの公準を使った証明を試みてきたものの，ことごとく失敗に終わっています。今にして思えば，この失敗は努力不足のせいなどではなく，第5公準が常に成り立つとは限らないためだったのです。公準を証明しようという試みは，長い年月と数々の失敗を経て，「公準が必ずしも正しくないとしたらどうなるか？」という疑問の解明に移っていきました。

第5公準が成り立たないとすれば，言い換えのほうも成り立たない可能性が出てきます。内角の和が180°でない三角形をつくれるのかもしれません。点を通り，直線に平行な別の直線も複数あるのかもしれません。この考えに至った当初の数学者たちは，さぞかし戸惑い，喜んだことでしょう。

ゆがんだ世界の幾何学

そうした数学者たちが踏み込んだ世界は，非ユークリッド幾何学――数学の飾り気のなさを象徴するような用語です――と呼ばれています。非ユークリッド幾何学は，楕円幾何学と双曲幾何学という二つの分野に分類されます。どちらもユークリッドの第5公準に背いていますが，法則はそれぞれに大きく異なります。とはいえ，楕円幾何学と双曲幾何学を区別するのは簡単です。三角形の三つの内角を足し合わせたときに，その和が180°より大きくなるのが楕円幾何学，180°より小さくなるのが双曲幾何学です。

球面の幾何学について考えてみましょう。地球儀をお持ちの方は，手元に用意することをお勧めします。まずは，赤道上に適当な長さの線分を引いてみてください。その線分のそれぞれの端から北に向かって線分を引き，経線に沿って北極まで延ばします。すると三角形が描かれるはずなので，三つの内角を足し合わせてみてください。

経線と緯線は必ず直角に交わるため，赤道上の線分の両端にできる角度はいずれも直角です。その二つが必ず直角だということは，北極にできる角度がいくつであっても，三角形の内角の和は180°を上回ることになります。つまり，球面で扱うのは楕円幾何学だということです（正確には，楕円幾何学の一種の球面幾何学です）。楕円幾何学には，三角形の角度が増える以外にも大きな特徴があります。ちょっとした計算で確かめられますが，なんと，誰からも愛されるピタゴラスの定理が成り立たないのです。

非ユークリッド幾何学のもう一つの分類は，双曲幾何学と呼ばれています。ダイナ・タイミナ，ヒラマン・ファーガソン，フランク・ファリス（Frank Farris）などの作品に活かされている概念です。双曲幾何学の場合には，曲面が一定の負曲率で曲がっているため，三角形の内角の和は180°よりも小さくなります（実際に確かめてみたい方は，馬の鞍やポテトチップの何とかリングルズの表面に三角形を描いてみてください）。

数学者たちは双曲幾何学を厳密に写しとろうと工夫を凝らし，何世紀もかけて魅力的なモデルを発明してきました。とくに面白いのは，ポアンカレ上半平面模型です（次ページ参照）。19世紀のフランスの数学者アンリ・ポアンカレの名にちなんでいます。

双曲平面の世界のイメージをつかむ際には，このモデルが大いに役立ちます。平面上を住人が動き回っているつもりで観察すると，いくつかの特徴が見えてくるはずです。大きなアーチ状の道は測地線と呼ばれ，二つの点を結ぶ最短の線を表しています。平坦なユークリッド空間でいえば直線に相当するものですが，このモデル上ではまっすぐではなく，曲がっています。双曲平面ではユークリッド平面の法則が成り立たないので，距離の測り方も異なり，結果的に測地線もこのようなかたちで現れるのです。

この奇妙な世界の住人が下側の境界に近づくと，距離の見え方が変わってきます。これは空間そのものが詰まっていくためで，ダイナ・タイミナのかぎ針編みが扇状にうねっているのもその現れです。双曲平面の外の世界から見ると，双曲平面上の物差しは，境界に近づくにつれて縮んでいき，車でも何でも縮んでいくように見えるでしょう。しかし，双曲平面の住人からすると，そもそも空間の曲がり方が違うので，縮んでいるとは気がつきません。

実は，双曲平面上のあらゆる点から境界までの間には，常に無限大の距離があります。世界全体に

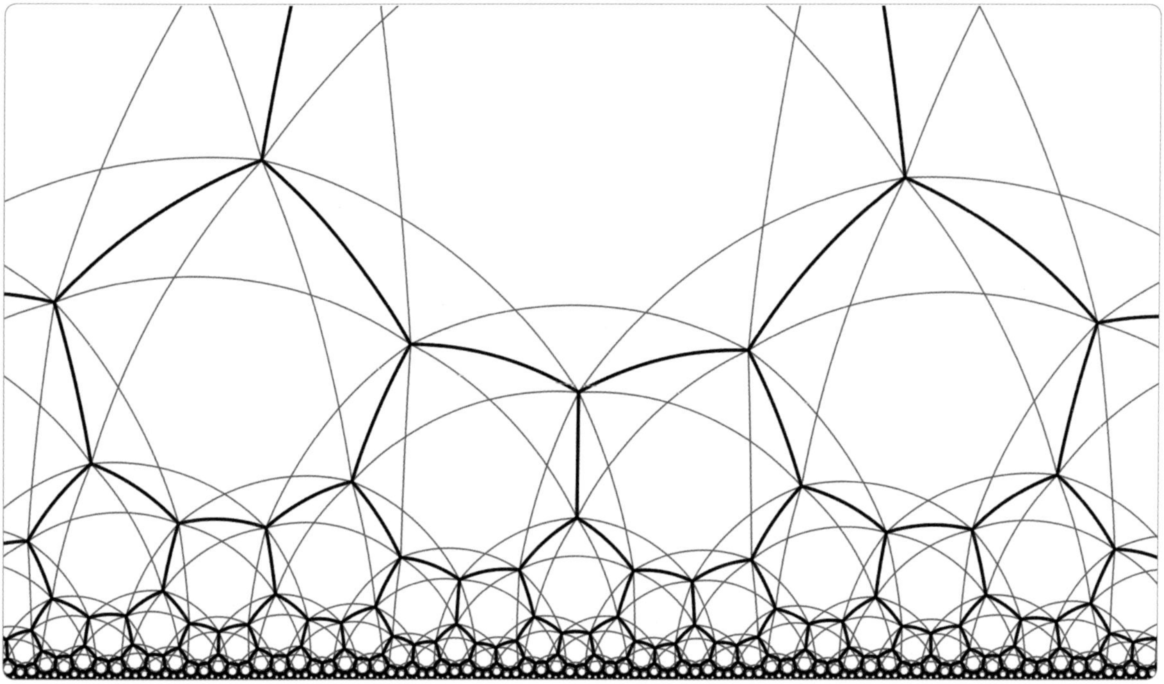

ポアンカレ上半平面

一定のゆがみがあるため，境界までたどり着くことは絶対にできません。

双曲幾何学のモデルとしては，ポアンカレ円板模型も有名です。この円板上にもユークリッド平面にはない距離のゆがみがあります（円板も上半平面も，イタリアの数学者ユージニオ・ベルトラミによって考案されました。ヤーノシュ・ボーヤイなどが提唱したように，非ユークリッド幾何学は矛盾のない世界であり，その点ではユークリッド幾何学と変わりません。ベルトラミはそれを証明するためにこうした模型を紹介しました。ポアンカレの名を冠しているのは，ポアンカレが模型を広めたためです）。

ポアンカレ円板は，数学アートでも重要な役割を果たしています。幾何学者ドナルド・コクセター（Donald Coxeter）が出版した幾何学書には，双曲空間のモデルの例としてポアンカレ円板が掲載されていました。オランダの芸術家Ｍ・Ｃ・エッシャーは，それを目にした瞬間に作品に活かすことを思い立ち，『円の極限』という版画シリーズで，有限の空間に無限の世界を閉じ込めました。

そうした円板模型は紙の上で概念を表現しますが，ダイナ・タイミナはそれを毛糸でかたちにします。空間は見た目どおりとは限らないこと。そして，幾何学の法則に疑問を抱くとき，平面の狭さが見えてくるとともに，平面の世界に潜んでいるかもしれない無限の別世界も見えてくること。タイミナのかぎ針編みからは，先人たちのそうした思いが伝わってくるようです。

ポアンカレ円板

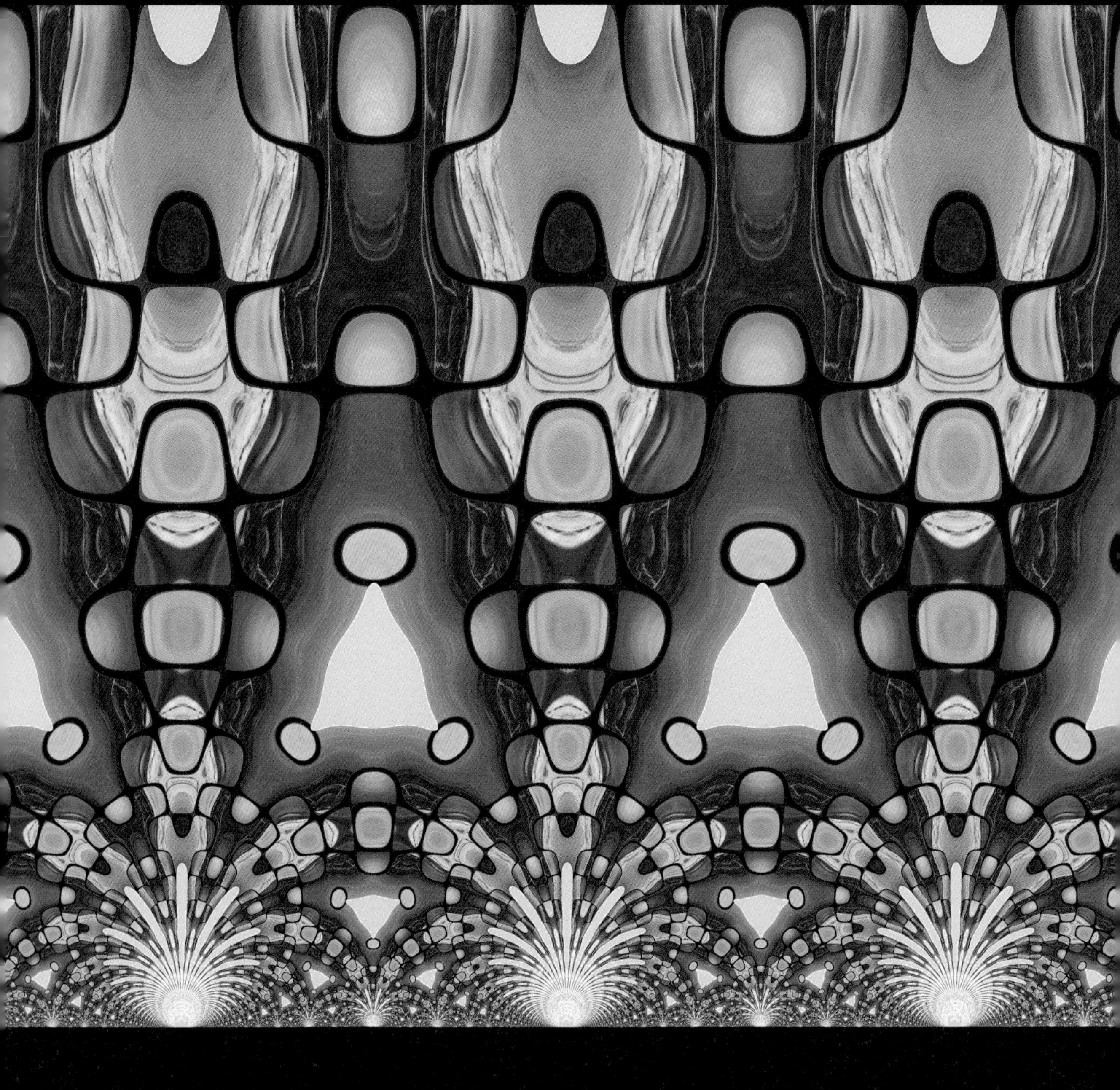

16

無限を閉じ込める

ユークリッドの第5公準をねじ曲げたり，打ち砕いたり，無視したりすると，ごく自然に芸術の素材となって，日常世界とは別の法則をもったもう一つの現実世界が生み出されます。フランク・ファリスは非ユークリッド幾何学の法則から壁紙をデザインし，非現実の世界がいくつも混ざり合ったようなデジタル画像に発展させました。厳密な法則にあえて従うことで，好奇心と創造性が凝縮されて，見たことのない，深みのある光景が描き出されます。

フランク・ファリス

非ユークリッド空間の壁紙

カリフォルニア州にあるサンタクララ大学の数学者フランク・ファリスは，異世界そのものといった壁紙を制作しています。なぜそんなものをつくろうと思ったのでしょう？　取材中に本人に聞いてみました。

数学を専門的に学ぶ中で，ファリスは次第に対称性と壁紙のデザインにのめり込んでいきました。壁紙の模様は，基本図形を上下左右に繰り返すのが一般的ですが，「その見栄えがどうにも気に入らなかったんです」。だから自分でデザインすることにした，というのがファリスの答えでした。そうしてデザインしているうちに，「時空のかたちが変わったら，壁紙の見え方はどう変わるのだろう」と考えるようになったといいます。

その結果，「双曲壁紙」と名づけた独自のパターン――非ユークリッド幾何学に基づいた装飾的な繰り返しパターン――のつくり方を考案することになりました（非ユークリッド幾何学の詳細については第15章を参照してください）。壁紙を研究するということは，対称性を研究することであり，平たく言えば，模様を数学的にとらえることでもあります。雪の結晶，ヒトデ，水晶の構造など，対称性をもつ模様は，自然界のあらゆるところに現れています。対称性とは，回転させたり，移

前ページ：フランク・ファリス『宇宙の果てへと向かう桃（Peaches to the End of the Universe）』。桃の写真とネガを使って，双曲空間に広がる繰り返し模様に彩色しました。

動させたり，反転させたりしたときに，見た目が変わらない性質のことです。対称性をもった模様の研究は，「群論」と呼ばれる数学分野の一つに分類されています。

1990年代，ファリスは大学で数学を教えていましたが，対称群の基礎クラスの教科書を見るたび，退屈な図説にうんざりしていました。数学理論はこんなに美しいのに，どうしてイラストはそうならないのだろう？

群論は対称性の性質を解き明かし，その構造の奥深さや複雑さ，そのパターンの華やかさや多様さなどを垣間見せてくれます。壁紙に17種類のパターンがある――たったの17種類しかない――ことも早くから解明されていました（詳細については170ページの「芸術の裏にある数学：壁紙」を参照してください）。この17種類をもっと活かせないものかとファリスは考えたのでした。

ここから芸術的な探求が始まり，それは今でもまだ続いています。彼は数十年間で新しい手法をいくつも考え出し，数学的な道具を駆使しながら壁紙の対称性をデザインしてきました。2016年6月には，作品と手法をまとめた『対称性の創作：壁紙模様の芸術と数学（Creating Symmetry: The Artful Mathematics of Wallpaper Patterns）』を初めて出版しています。

ファリスは本格的な数学書にこだわり，数学的な概念から対称性をもつ模様を生成する方法について詳しく解説しています。次のページの作品『秋の蛾（Autumn Moths）』は，写真から生成された繰り返し模様です。カリフォルニア州サンノゼの丘をハイキングしたときの写真をもとにして，鏡映対称性と3回対称性（360°回転の3等分，つまり120°回転で模様が保たれる性質）をもった繰り返し模様をつくり出しました。

「この空間にはいくらでも余裕がありますから」

――フランク・ファリス

ファリスの壁紙づくりには，さらに奇抜なアイデアも盛り込まれています。本章の冒頭に掲載された印象的な作品『宇宙の果てへと向かう桃（Peaches to the End of the Universe）』では，見慣れた普通の幾何学を飛び出して，もう一つの幾何学の具現化に挑みました。全体のベースとなっているのは，作品の下に添えられた2枚の写真です。その画像を対称的操作によって変換し，非ユークリッド空間のように配置することで，一定の負曲率でゆがんだ世界を表現しています。

タイトルの「宇宙の果て」は文字どおりの意味ですが，ファリスが意図したのは，現実世界の宇宙ではありません。この作品の中には，非ユークリッド世界の宇宙が存在しているのです。

大半の人は，幾何学といえばユークリッド幾何学を思い浮かべます。その法則は平らな空間でしか成り立ちませんが，現実世界で暮らしている分には，平面の法則だけでほとんど事足ります。

しかし，普通の二次元平面に双曲幾何学を表現するとなると話は別です。前の章で紹介したとおり，数学者たちは，工夫を凝らして多種多様なモデルを発明してきました。そうしたモデルやエッシャーの作品には，有限の空間でありながら，無限の世界が閉じ込められています。たとえば，円板の中の世界に住人が暮らしているところを想像してみましょう。定規を手にもって，円板の中心から外周に向かって歩いていくと，定規は少しずつ縮んでいきます。さらに歩幅まで狭くなっていきます。円板の外周までは無限大の距離があるので，どれだけ歩いても離れたままなのです（わかりやすい例をもう一つ挙げておきましょう。果てしなく深いボウルを想像してみてください。ボウルの上から中を見下ろしてみると，たとえ深さが無限大だったとしても，底の中心からふちまでの距離は一定の長さに見えるはずで

フランク・ファリス『秋の蛾（Autumn Moths）』。ユークリッド空間に広がる3回対称性をもった繰り返し模様です。この種類の対称性はp31mと分類されます。カリフォルニア州サンノゼの丘をハイキングしたときの写真をもとに生成されています。

す。一方，ボウルの底にいる人にとっては，底からふちまでよじ登るとしたら，登っても登っても進まない無限の旅になるのです）。

ファリスの不思議な壁紙も，これとまったく同じです。作品は有限の空間ですが，その中には無限の世界が閉じ込められています。ユークリッド空間に双曲空間を埋め込むと，その中では奇妙なことが起こり，その奇妙さからは信じがたいことが起こります。164ページの『宇宙の果てへと向かう桃』をよく見ると，同じ図柄が下に向かって繰り返され，進むほどに間隔が狭くなり，押し縮められていくのがわかります。永遠に尽きることなく縮み続ける桃

フランク・ファリス『フィロリガーデンの芸術祭(Art Festival at Filoli)』。非ユークリッド幾何学の図形が伸びたり，泳いだり，くつろいだりする様子は，実在する場所を幻想的な風景につくり替えます。

たちの行進です。無限小の空間には無限の世界を描くことができます。「この空間にはいくらでも余裕がありますから」とファリスは説明していました。

平面と双曲平面の壁紙だけでは，三つの幾何学に一つ足りません。もちろん，ファリスは球面のための手法も考え出しています。プラトン立体の対称性から生成した模様を使って，球体の壁紙をデザインしたのです。また，最近ではVR環境に取り込んだ作品にも挑戦しています。ファリスの作品を支える数学は主に19世紀の産物ですが，その概念の活かし方は，紛れもなく21世紀の芸術です。「仮想環境の中にいると，テクスチャーマップをこっちに貼って，あっちに貼ってと表面が語りかけてくるんです」。

ところで，毎年開催される合同数学会議では，数学アート展も同時に開催されています。この右にある『スグリとフィボナッチ螺旋(Gooseberry/Fibonacci Spiral)』という作品は，2018年1月のサンディエゴ大会で「写真，絵画，プリント」部門の最優秀賞に選ばれました。

フランク・ファリス『スグリとフィボナッチ螺旋（Gooseberry/Fibonacci Spiral）』。3回対称性をもった図柄が平面上を周回するように繰り返され，フィボナッチの螺旋を描いています。

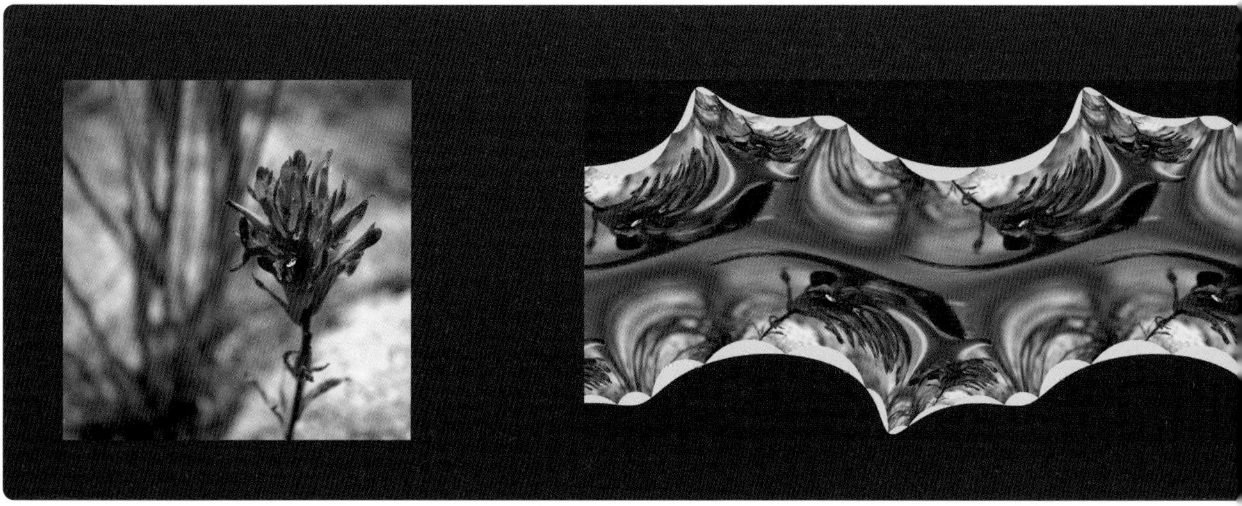

壁の上部をふちどる帯状の装飾をフリーズといいます。フランク・ファリスは，鏡映のあとに並進（平行移動）を施した繰り返し模様を使って，すべり鏡映対称性をもつフリーズをデザインしました。

芸術の裏にある数学：壁紙

三つの幾何学の繰り返し模様

数学における壁紙の研究——変わった呼び名ですよね——の起源は，19世紀の初頭にさかのぼり，「群論」という数学分野の誕生に端を発します。群論の「父」の一人といわれるエヴァリスト・ガロアは，血の気の多い10代の若者でした。数学に情熱を注いでいましたが，フランス王政の打倒にも同じくらい情熱を燃やしていました。ガロアの生涯は，文字どおりドラマチックそのものです（数学史研究者による脚色も多少ありますが）。多くの敵をつくり，不幸な恋に落ち，数学の歴史を変え，恋人をめぐって争い，夜明けの決闘に敗れ，20歳の若さで人生の幕を閉じました（ガロアの詳細については183ページを参照してください）。

ガロアが10代で基礎を築いた群論という分野には，対称性の研究も含まれていました。数学的な観点で対称性をとらえて，「図形をずらしたり，すべらせたり，回したり，裏返したときに，その見た目を最初の図形と一致させる方法」を研究します。数学的な概念の常ではありますが，群論で扱われた対称性も時代を先取りしすぎていたため，当初は実用性のない抽象的な学問という位置づけでした。ただし，20世紀の中頃までには，幅広い分野で応用されるようになっています（群論の詳細については181ページの「芸術の裏にある数学：群論」を参照してください）。

では，対称性は壁紙とどのように関係しているのでしょうか？　その答えは「何もかも」です。まずは壁紙の定義を見てみましょう（数学では壁紙にすら定義が必要なのです）。壁紙とは，二つの独立した方向に繰り返される二次元の模様のことです。数学的には，「全部で何種類の対称性パターンがあるか」が論点になるのですが，この問題はすでに解決しています。ロシアの数学者・鉱物学者・結晶学者であるE・S・フョードロフによって，壁紙の対

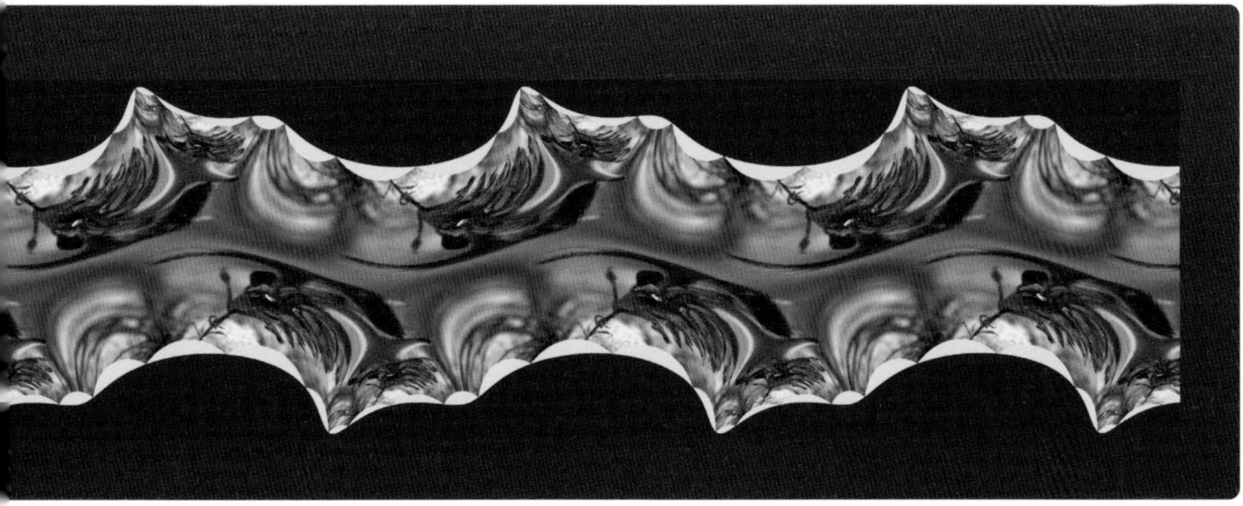

称性のパターンは17種類あること，17種類以外には存在しないこと，17種類のそれぞれが種類の異なる群をなすことが証明されています。

　こうした壁紙の性質を理解するうえで，群論の専門知識は必要ありません（独自の壁紙をデザインするのにも支障はありません。まずは基本となる絵柄を決めて，それをジャガイモか木の板に彫り込みましょう。そのスタンプにインクをつけて，2方向に繰り返せば，自分だけの壁紙の完成です）。壁紙の対称変換がなす17種類の群は，「文様群（または壁紙群）」と呼ばれています。二次元平面を埋めつくす繰り返し模様は，この17種類のいずれかに基づいています。

　模様をつくるには，単純な規則の上で，変換操作を無限に繰り返します。対称性をもつならば，その模様をある基準線を中心（つまり軸）としてひっくり返したり，ある方向に平行移動させても，もとの模様から変化しません。前者は「鏡映」，後者は「並進」と呼ばれている変換操作です。「回転」という変換操作は，ある基準点を軸として回転させることです。

　鏡映のあとに並進を施すというように，二つの操作を組み合わせてつくられる変換操作もあります。こうした操作に関する対称性に興味のある研究者にとって，アルハンブラ宮殿ほど心躍らせる場所は，世界のどこにもないでしょう。スペイン南部にあるアルハンブラ宮殿では，壁一面が繰り返し模様で装飾されています。17種類のうち，何種類が描かれているかをめぐっては，何十年も前から数学者の間で議論が繰り広げられています（アルハンブラ宮殿の詳細については第18章を参照してください）。

　スイスの数学者エディト・ミュラー（Edith Müller）は，1944年に発表したチューリッヒ大学の博士論文の中で，アルハンブラ宮殿の魅惑的なタイルを調査した結果，17種類のうち11種類が使われていたと主張しました。一方，スペインのマドリード・コンプルテンセ大学の位相幾何学者ホセ・マリア・モンテシーノス（José Maria Montesinos）は，1987年に出版した著書の中で，アルハンブラ宮殿には17種類のパターンがすべて見られるため，ミュラーの調査は不完全だったと主張しています

（17種類すべてが見られるという見解は，モンテシーノス以前にもありました）。

さらに，ワシントン大学の数学者ブランコ・グリュンバウム（Branko Grünbaum）は，2006年に*Notices of the American Mathematical Society*誌に論文を発表し，モンテシーノスの理論には欠陥があると指摘しました。モノクロの写真だけで調べれば，17種類すべてが見られるかもしれませんが，実際のタイル張りには白と黒のほかにも複数の色が使われています。対称性を調べるときには，そうした色も考慮しなければなりません。また，ミュラーが見落としていたパターンを探すのであれば，白と黒に分けてしまうと正しく分析できなくなります。すべてのタイルが同じ色だと仮定して考察するというのは，フェアではありません。

17種類の壁紙のうち，いくつかを見てみましょう。最もシンプルなp1模様は，任意の平行四辺形上に基本となる図柄を描き，それを辺の方向に繰り返しただけの模様です。この模様は並進対称性だけをもち，そのほかの対称性はもっていません。

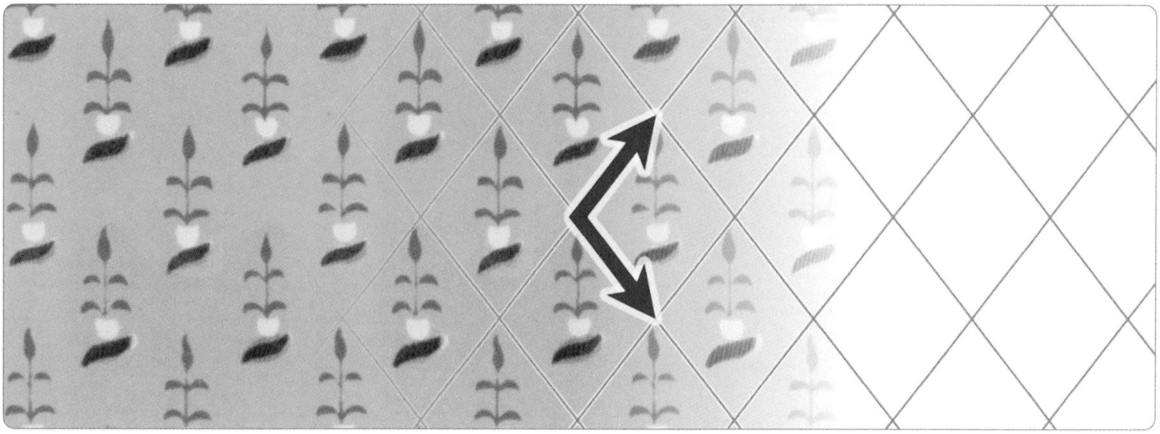

p1模様の例

二つ目のp2模様は，2回回転変換と並進変換からつくられます。まず任意の平行四辺形上に基本となる図柄を描き，上下逆さまになるように回転させたら，もとの図柄の上や横に並べます。この新たな図柄――オリジナルと回転後のクローン――を一組のスタンプとして，辺の方向に繰り返し押してつくります。

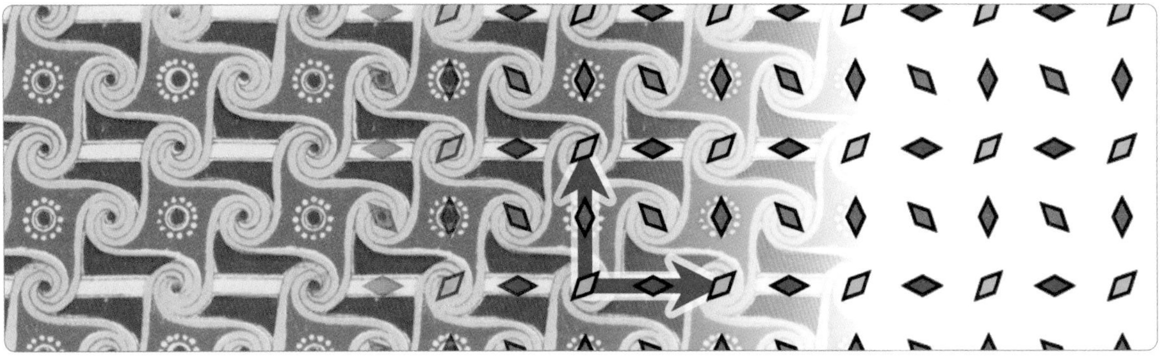

p2模様の例

少しコツがつかめてきたでしょうか？　三つ目のpm模様は，鏡映変換と並進変換からつくられます。鏡映の軸となる線は，すべて互いに平行です。ただし，平行線でさえあれば，どんな方向でもかまいません。

pm模様の例

残りの14種類も載せておきますので，パターンと名称を見比べてみてください。

pg

cm

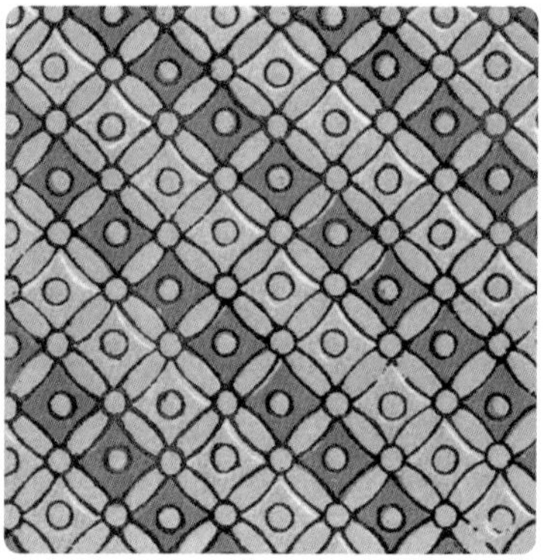
pmm

pmg

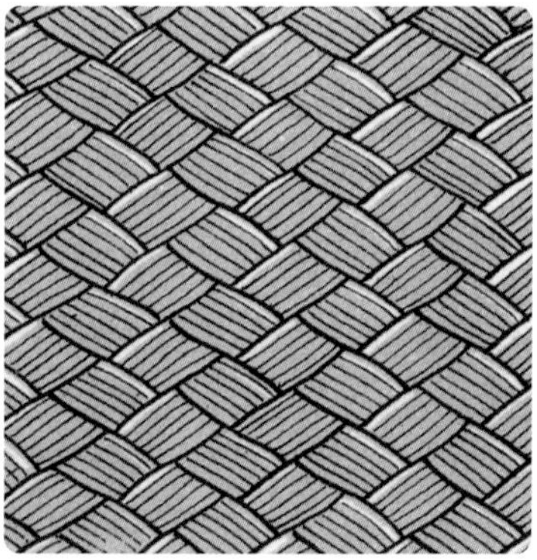
pgg

cmm

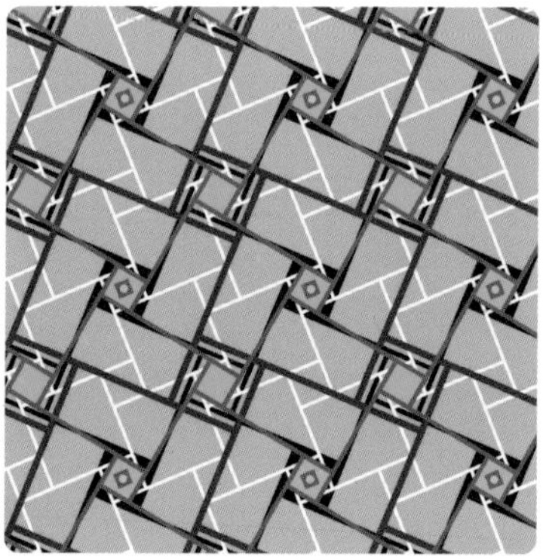
p4

第16章　無限を閉じ込める

　すべての模様は，平面上でまず基本となる図柄をつくり，それに並進，鏡映，回転の変換操作を繰り返し施すことでつくられます。フランク・ファリスも，壁紙をつくり始めた当初は，こうしたパターンからユークリッド空間上に模様を描いていました。ところが次第に物足りなくなって，「双曲空間の並進対称はどのような見た目なのだろう？　回転対称ならどうだろう？」と疑問を抱き始めました。その答えは，作品からはっきりと見てとれます。水平方向の並進対称は，ごく普通の繰り返しですが，垂直方向の並進対称は，繰り返すほどに拡大されたり，縮小されたりしています。鏡映対称は，直線ではなく，曲線を軸としています。そうして生まれたデザインは，従来の壁紙の概念をくつがえし，宮殿を彩る新しい装飾を提案しているのかもしれません。

p4m

p4g

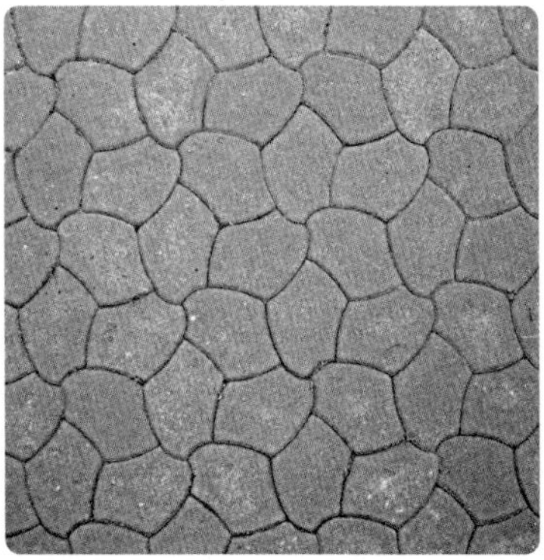

p3

p3m1

p31m

p6

p6m

17

結びつき

カーロ・セクイン（Carlo Séquin）のインスピレーションの源は，結び目のかたち，極小曲面，プラトン立体など，多岐にわたります。実物の作品を何百点も制作してきただけでなく，複雑につながった曲面を三次元で表現するための設計用ソフトウェアも開発してきました。そのソフトウェアは，多くの彫刻家や芸術家とのコラボレーションにも発展しています。彫刻のアイデアは，ワイヤーとメッシュでディスプレイ上に表示されてからコードに変換され，3Dプリンターを通して芸術へと昇華されています。

カーロ・セクイン

「もしも」から始める

コロラド州のブリッケンリッジは，世界的に有名なスキーリゾートです（夏になるとスリル満点の巨大すべり台も開放されます）。1990年からは，国際的な雪像コンクールの開催地としても知られるようになっています。参加チームには20トンもある巨大な雪のブロックが支給されますが，それをどう使うかは，各チームの創造性とノミとシャベルに委ねられます。チェーンソーの使用は認められていません。風変わりな彫刻から難解な数学図形まで，十人十色の雪像がその出来栄えを競い合います。

カリフォルニア大学バークレー校の情報工学者カーロ・セクインにとって，2003年のコンクールはまるで喜怒哀楽のジェットコースターでした。マカレスター大学の数学者スタン・ワゴン（Stan Wagon）から声をかけられて，数学的な氷雪彫刻づくりのチームに加わることにしたのです。ワゴンが数年前から組んでいるチームのメンバーには，ブレント・コリンズ（Brent Collins），スティーブ・ラインムース（Steve Reinmuth），ダン・シュワルブ（Dan Schwalbe）がいました。コリンズは，ミズーリ州ガウアーの彫刻家です。数学的な概念をもとに木材や金属

前ページ：『白いクモの巣の旋回（Whirled White Web）』という雪像の3Dプリント模型。コロラド州ブリッケンリッジで開催された2003年の国際雪像コンクールでは，カーロ・セクイン，スタン・ワゴン，ダン・シュワルブ，ブレント・コリンズ，スティーブ・ラインムースがこの雪像を彫り上げて，2位入賞を果たしました。

このコンピューター画像が『白いクモの巣の旋回（Whirled White Web）』のベースになりました。

の彫刻を制作し，セクインとも多くの作品でコラボレーションしています。ラインムースはオレゴン州で鋳物工場を経営し，コリンズの作品の鋳造を任されています。シュワルブは，ミネソタ州ミネアポリスのソフトウェアエンジニアです。

「制作期間は5日，作業人数は5人でした」とセクインは説明します。プロジェクトは『白いクモの巣の旋回（Whirled White Web）』（176ページ参照）と名づけられ，セクインとコリンズがSculpture Generator I（セクインが開発したソフトウェア）で設計したモデルをベースに進められました。

このモデルは，シェルクの第2曲面と呼ばれる有名な数学図形をもとに，回転や変形を加えてつくられています。シェルクの第2曲面とは，ゆるい弧を描くシートを塔のように立てて，垂直方向からいくつも穴をあけたようなかたちをした極小曲面です。

セクインは，コンピューターグラフィックスとコンピューター支援設計を教えていますが，数学アートの業界では，曲面，ねじれ，高次元といった難解な概念を実体化していることで知られています。その数百点にのぼる作品は，紙，金属，プラスチックなど素材もさまざまで，さながら幾何学の動物園です。12フィート（約6.4m）の雪像のベースとなったこのモデルは，長いラザニアヌードルをドーナツ状に巻き込んだようなかたちをしています。実際の雪像づくりも，雪のブロックでトーラス——数学用語でドーナツ型を意味します——を形づくり，中央に小さなトンネルをうがつところから始まりました。

雪のブロックに下書きを描いては，鋭いのこぎり歯の小型のシャベルを使って掘り出す，という作業が5日間続けられました。「審査当日は壮観でした」とセクインは振り返ります。気温は5.5℃前後，何千人もの来場者が作品を見て回り，覆面審査員が紛れ込んで採点していきます。チーム全員が雪像の出来に大満足していました。「それから近くのレストランに行きました」。

ところが，そこに悪い知らせが入りました。セクインたちの雪像が崩壊したというのです。完成から2時間以上，審査から45分ほど過ぎた頃でした。「皆，すっかり気を落としてしまいました。でも，銀メダルをもらえたんです」。その日に撮影された写真の中では，5人が崩れた雪山の上に立ち，緑色の小さな模型を掲げながら，胸にメダルをかけて笑顔を見せています。

その後は夜までビールで盛り上がり，翌年に向けた新作を考えました。「次は雪玉を裏返しにしようじゃないか」というセクインの提案どおり，2004年のコンクールでは，モランの球面を彫り上げました。モランの球面とは，途中まで裏返した球面を数学的に表したものです。セクインは，3カ月かけてアイデアからモデルに変換し，ブリッケンリッジで再現できるようにした……つもりだったのですが，実際の雪像はモデルのようには行きませんでした。「少しゆがんでいましたし，表面もデコボコしていました」。とはいうものの，2004年のコ

数学のアイデアが浮かぶたび，新しい雪像が生まれます。スタン・ワゴン，カーロ・セクイン，ジョン・サリバン，ダン・シュワルブ，リッチ・シーリーの『2等分の結び目（Knot Divided）』は，3回ひねって止め結びしてつないだ帯です。

ンクールでもチームは努力賞を受賞し，シャンパンのボトルを獲得しました。

3年目の大会では，セクインはチームの仲間たち――スタン・ワゴン，ジョン・サリバン（John Sullivan），ダン・シュワルブ，リッチ・シーリー（Rich Seeley）――とともに，『2等分の結び目（Knot Divided）』という雪像を制作しました（上の写真）。「リボンを止め結びしてから，それを幅半分に切ったらどうなるか」という単純な疑問から生まれた図形です。その答えが，雪像に隠されています。一定の条件のもとでは，結んだリボンを幅半分に切っても，結び目は二つに分かれません。

この雪像のかたち，どこかで見たことがあると思いませんか？　どうもこれは有名なメビウスの帯に似ています。メビウスの帯というのは，一つの面と一つのふちだけをもつ，ひねりの入った曲面です。リボンを1本用意して，半回転ひねってから端と端を貼り合わせるだけで，誰でもつくることができます。どちらかのふちに指を置いて，そのままなぞってみてください。いつの間にか指が反対側のふちに移って，またもとの位置に戻ってくることになるので，ふちが一つしかないことを確かめられると思います。

『2等分の結び目』は，半ひねりを3回入れてから止め結びしてつないだ帯を幅半分に切ったものなのです。

結び目の雪像は入賞こそなりませんでしたが，そこに至るプロセスは，セクインが芸術を生み出すプロセスそのものでした。その証拠に，この図形からは，雪像だけでなく，別の素材の彫刻もつくられました。セクインは，作品をつくるとき，まず有名な図形，曲面，概念などから始めます。それをねじったり，巻いたり，入れ替えたりしたうえで，何が起こるかを確かめるのです。これまでに多種多様な素材――紙，プラスチック，ブロンズ，雪など――を使って何百点もの彫刻を制作し，数多くの数学者や芸術家とコラボレーションしてきましたが，それはすべて「もしもこうしたら何が起こる？」という普遍的な疑問を探るためでした。

「概念を少し変えてみたり，拡大解釈したらどうなるだろう？」とセクインはまず問いかけます。たとえば，ブレント・コリンズやエヴァ・ヒルド（Eva Hild）などの芸術家が考え出した曲面をもとに，メビウスの帯やクラインの壺のような，1面しかもたない曲面につくり替えてみるのです。

セクインの作品づくりでは，幾何学と対称性が大きな役割を果たしています。その傾向はまだスイスにいた10代前半の頃から始まりました。「確か，幾何学に夢中になったのは7年生のときでした」とセクインは話します。バーゼルにある数学と科学に特化した高等学校に進み，画法幾何学の講座をとりました。画法幾何学の授業を受けると，「円錐とトーラスを交差させたらどうなるか」などの問題がまず出され，生徒は各自，コンパスと定規を使って作図しなければなりません。「わたしは先生より上手だったんですよ」。

セクインは高校の数学コンテストで優勝し，ヘルマン・ワイルの『シンメトリー』を贈られました。著者のワイルは数学者ではありますが，自然界や世界中のあらゆる分野に対称性を見出し，鮮やかに描き出していました（対称性の詳細については次のページの「芸術の裏にある数学：群論」を参照してください）。「幾何学に加えて，対称性にも夢中になりました」。また，アレクサンダー・カルダーやマックス・ビル（Max Bill）などの彫刻家にも感化され，授業の合間に針金とピンポン玉でモビールの制作にいそしみました。

> **「数学の偉大さややり甲斐に気づいてもらう手段なんです」**
>
> ――カーロ・セクイン

さらに，大学で物理学を専攻し，アメリカに渡ってベル研究所に勤めた後，カリフォルニア大学バークレー校に教職を得ました。1984年にはコンピューターサイエンス学部の副学部長を退いて，「クリエイティブ幾何モデリング」というコースを教え始めます。結び目などの単純なモデルをコンピューターで構築し，徐々に複雑な多面体（複数の面をもつ図形）に移り，最終的には思い思いの素材で実物の模型を製作するという講座です。ここですっかり幾何学彫刻にはまってしまった，とセクインは言います。それから数十年間，とくに21世紀に入ってからは，ほかの数学アーティストたちと積極的に共同制作をしてきました。なかでも彫刻家のコリンズとは，木材やブロンズでできた，驚くほど巨大な彫刻をはじめ，多くの作品でコラボレーションしています。

セクインの彫刻は，数学がもとになっているものの，視覚的なこだわりも徹底的に追求されています。まずアイデアを紙に描いたり，モールで形づくったり，コンピューターに取り込んだりしたうえで，「つくりたかったのはこれだ」と確信できるまで，入念に外観を練り上げていきます。

数学を彫刻などの芸術にすれば，筋金入りの数学嫌いにも実用性や美しさに触れてもらえる，というのがセクインの信念です。「数学嫌いの人たちの関心を取り戻すのにもってこいです」。そうした作品を目にすれば，人間がつくり出した形状も，自然が生み出した形状も，数学的な構造に支えられていると気がつきます。「数学の偉大さややり甲斐に気づいてもらう手段なんです」。

芸術の裏にある数学：群論

夜明けの決闘と対称性の数学

何かに対称性があるときは，見ればすぐにわかります。数学者ヘルマン・ワイルは，1938年に対称性についてのエレガントな解説書『シンメトリー』を出版し，「対称」という言葉が二つの意味で使われていることを指摘しました。一つ目の意味での対称は，「調和」の同義語です。たくさんのものが一つにまとまったときに，全体としてつり合いがとれていて，整っている状態を指します。その状態は，美しさに直結するものです。今でいうモラルの教科書のような『ニコマコス倫理学』(1938年，河出書房)という書物の中で，アリストテレスは，両極端を避けて中庸を目指すべきだと警告しています。たとえば，グラスに1杯のワインなら健康に影響しなくても，1日1本のボトルを飲み続ければ，肝臓がむしばまれてしまうでしょう。

二つ目は，数学で使われている対称です。こちらの定義はより具体的になり，図形を変換したときにもとの図形と一致する性質を指しています。ちなみに変換とは，図形を移動させたり，回転させたり，ある線を軸にひっくり返したりすることです。たとえば，アメリカの一時停止の道路標識は八角形なので，その中心を通る16本の線を軸とした対称性をもっています。そういう意味では，人間の体にも対称性があります。真ん中で縦に折りたためるとしたら，両方の半身がぴったりと重なり合うからです(内臓はひとまず無視しましょう)。

雪の結晶の鏡映と立方体の回転

図形の対称変換は数えることができます。たとえば，理想的な雪の結晶――6本の辺をもち，ひびがなく，変形もなく，画用紙から切り抜いたような形状――は，12個の対称変換をもっています。そのうちの6個は回転変換です。つまり，60°の倍数で回転しても形状は変わらないということです(本物の雪の結晶は完全な対称ではないのですが，この記号的な形状を例として使うことにします)。

回転変換による対称性

残りの6個は鏡映変換です。雪の結晶を正確に2等分するような直線を6本引くことができます。

鏡映変換による対称性

正方形には8個の対称変換があり，どの操作を施したときにも，やはり見た目は変わりません。90°の倍数の回転，×の字と十の字の各線を軸とした鏡映です。

正三角形は6個の対称変換をもっていますし，円は無限個の回転対称変換をもっています。正多角形（辺の長さと角の大きさがすべて等しい二次元図形）の場合には，対称変換の個数は必ず辺の数の2倍に等しくなります（この豆知識は覚えておくと役に立ちます。次の数学パーティーで正九角形の18個の対称変換について語りだす人がいるかもしれません）。

立方体には24個の回転対称変換があり，24種類の回転操作のどれを施したときも，見た目には変化はありません。さらに鏡映も組み合わせると，立方体には全部で48個の対称変換があります。数学用語では，「この対称変換のなす群の位数は48である」のように言い表します。

群を数える

対称性の研究は，群論という数学分野の一つに含まれます。群の定義は，やや抽象的なのですが，数学的な演算によって関連づけられたものの集まりのことです。その演算は（数に対する）加算や乗算だったり，（変換に対する）合成だったりしますが，群の要素に対する演算結果は必ず群の要素となります。

たとえば正の実数全体の集まりに加法演算を与えると，群になります。正の数を二つ足し合わせても，それは正の数になります。対称変換もその性質上，さまざまな群を形成します。雪の結晶をもう一度見てみましょう。60°回転させても ——120°，180°，240°，300°，360°回転させても —— 結晶の見た目は変わりません。この回転対称変換の集まりは，変換の合成（変換してから，さらに変換すること）を演算として群をなしています。さらにすべての鏡映対称変換を含めても群を形成します。

雪の結晶や一時停止の標識は，例としてはわかりやすいのですが，群論の研究者はそうした現実世界での具体例よりもむしろ，群そのものの構造，群と群の関連性などを研究しています。対称変換群に含まれる対称変換は三次元図形までとは限らず，四次元や五次元やもっと高次元の図形をもとに形成してもかまいません。たとえば，超立方体（四次元の立方体）のような想像しにくい図形でも，384個の対称変換があることが知られています。

円の対称変換の群のように，無限個の要素からなる群もあります。円はその中心を基準として，どのように回転や鏡映を施したとしても変わらないため，無限個の対称変換をもっているのです。一方，先ほどの立方体や雪の結晶などの対称変換の群は，有限個の要素から形成されています。また，群がそれ以上分解することができない最小単位の群であるとき，単純群と呼ばれます。有限個の要素からなる単純群というと簡単なようにも思えますが，実はまったくもって簡単ではなく，最大の有限単純群は約8×10^{53}個もの要素から形成されています。想像しにくいようでしたら，196,884次元に存在する図形の対称変換のなす群だと思ってください。

群はきわめて複雑なので，群の研究の道のりも険しく困難なものでした（たとえば，すべての有限単純群の分類を終えるまでには，50年の歳月と，500本以上の論文と，15,000ページの証明を必要としました。その証明を読みとおすのはきわめて困難であり，理解できる人も一握りだといわれているため，この分類定理が「巨大定理」と呼ばれていることもうなずけます）。数学の一分野である群論——と対称性の探究——は，結晶学（結晶の原子配置構造の研究）にとどまらず，素粒子物理学や天体物理学といった幅広い分野で応用されています。

群論という分野の誕生は，あまりにも波乱に満ちていました。群論の父といわれているガロアは，若さと才能にあふれた数学者でしたが，激しい気性の持ち主でもありました。短い生涯の間に数々の数学分野を結びつける一方，私生活ではいさかいが絶えませんでした。方程式の解に関する革命的な理論を見つけ，革命的な思想で退学になりました。王の殺害をほのめかして投獄された経験もあり，死後しばらくは，殉職者として祭り上げられたりもしました。

亡くなる前日の夜，ガロアは数ページに及ぶ手紙をしたため，群についての独自の理論を書き残しています。そして翌朝，パリ市外の草むらに出向き，恋人をめぐって申し込まれた決闘で，腹部に銃弾を受けました。ガロアの銃には弾が込められていなかったという説もあるので，そもそも勝つ気がなかったのかもしれません。ガロアの手紙には次のように書かれていました。「悪名高い妖婦と二人の崇拝者の餌食となり，僕は死を迎えようとしている。くだらないもめ事のせいで命が消えようとしているのだ。ああ，こんなつまらない理由で，こんな卑劣なやり口で，なぜ死ななくてはならないのか。僕を殺す者にどうか恩赦を。彼らもまた信義の徒なのだから」。

ガロアは群論を発明こそしませんでしたが，数学分野として確立し，主要な分野にまで押し上げました。それからというもの，群論はますます影響力を増し，さまざまな現象における対称性の理論の基盤となっています。ガロアの時代に革新と呼ばれていた群論は，今の物理学では必要不可欠であり，とくに素粒子物理学などの基礎理論分野では中核的な役割を果たしています。

カーロ・セクインなどの数学アーティストが生み出す図形に関しても，群論の言語を知ることで，より詳しくより深く理解することができます。セクインの作品では，対称性を通じて，考察や探究の喜びをもたらしてくれます。その結び目や曲面の形状は，数学的な概念が作品を裏で支えるだけでなく，楽しさにもつながることを教えてくれます。

■ ■ ■

18

数学と木彫職人の魔法

木材を削り出していく作業は，引き算の過程によく似ています。ビャーネ・イェスペルセン（Bjarne Jespersen）は，木の塊を問題としてとらえて，とことんまで考え抜いています。この素材をどのように活かしたら，もどかしさ，楽しさ，不思議さを兼ねそなえた作品をつくり出せるのだろうかと。

ビャーネ・イェスペルセン

信じられない造形

デンマークの彫刻家ビャーネ・イェスペルセンは2010年にこう書いています。「マジシャンとは，あり得ないことをやってみせて，相手に自分の目を疑わせることができる人だ」。必ずしも舞台に上がる必要はありません。イェスペルセンには，木材と小刀さえあれば十分です。

イェスペルセンは「木彫りのマジシャン」と名乗り，目を疑わせることを目指しています。木彫作品をじっくりと見せ，手に取って動かしてもらい，それでもなお信じられないと言わせれば，しめたものです。「自分では数学者や芸術家というよりも，マジシャンに近いと思っています」。

前のページの作品『スカラベ（Scarabs）』は，「魔法の球体」をテーマにしたシリーズの最新作です。ブナ材の表面を小さな黒い甲虫が這い回り，それぞれの足，体，頭が互いにぴったりとはまっています。この球体の最大の特徴は，残念ながら写真では伝わらないのですが，手に取ればすぐにわかります。それぞれの甲虫の間にはわずかな隙間があり，1匹ずつが分かれているのです。このシリーズには似たような球体がいくつかありますが，どれもピース同士がぴったりかみ合っていて，無理に取りはずそうとすれば全体が壊れてしまいます。

つまり，パズルのように見えたとしても，1匹だけ取りはずしたり，バラバラに分解したりはできません。この作品は，一つの角材の塊から削り出されたものです。

前ページ：ビャーネ・イェスペルセンは，一つのブナ材の塊から『スカラベ（Scarabs）』を削り出しました。

ピースはどこも固定されておらず，それぞれに遊びをもたせてあるため，一つずつを小刻みに動かすこともできます。イェスペルセンは，この隙間を設けるために新しい技を身につけました。手持ち式の小型電動ジグソーに糸ノコ刃を取りつけて，すべての切り込みを放射状に――球体の中心に集まるように――入れていくのです。

イェスペルセンが魔法の木彫りに魅せられたのは，11歳のときでした。兄が木片を削ってナイフをつくり，珍しい細工を施していたことがきっかけです。ナイフの柄は檻のようなかたちに削り出されていて，それが樫の葉で飾りつけられており，その中にドングリが一つ閉じ込められていました。木枠の中で転がるドングリは，一見簡単に取り出せそうでしたが，すぐに不可能だと気がつきました。木枠の一部を壊さない限りは取り出せないのです。ドングリと木枠は，数立方インチ（数十立方cm）の一つの木材から同時進行で削り出されていました。「こんな彫刻をいつか自分でつくりたい，そうなったら最高だろうな，と夢見ていました」とイェスペルセンは懐かしみます。

> **「自分では数学者や芸術家というよりも，マジシャンに近いと思っています」**
>
> ――ビャーネ・イェスペルセン

イェスペルセンが本格的な木彫りを手がけたのは17歳のときでした。それ以来，立ち止まったことはありません。初めてつくった作品は，木枠の中に入った二つのボールでした。木彫りの初心者に一番人気の伝統的な細工です。イェスペルセンによると，こうした工芸品を「ホーボーアート」や「トランプアート」と呼んでいる地域もあるそうです。

イェスペルセンは建築の学校に進み，そこで幾何学とプラトン立体について学びました。建築にはそれほど興味をもてなかったため，大学に戻って数学を研究することにしましたが，それもあまり長くは続きませんでした。*Mathematics Magazine*誌の2016年のインタビューの中で，イェスペルセンは「不十分な教育を十分に受けた」とおどけています。手を動かすことが好きだったことから建築事務所や美術館で働き，器用さと技術を活かして展示品を組み立てました。「仕事でアイデンティティーを確立する人も多いと思いますが，自分はそうはなりませんでした。生活のために働いてはいますが，アイデンティティーは木彫りにあると感じています」。

木彫りを始めて以降の人生では，伝統にしばられないデザインのインスピレーションを常に探し求めてきました。「木枠に入ったドングリやボールばかりを彫っていたくはないですから，もっと面白いものはないかと探していました」。若い頃の職場の一つに，テセレーション（一面を埋めつくす繰り返し模様）を多用したイスラム美術で有名な美術館がありました。また別の美術館では，木材から削り出した鎖や，木の鎖でつながった木のスプーンなど，精巧を極めた魔法の木彫りにも出会いました。そうしたアイデアはイェスペルセンの中で進化して，のちに作品に活かされることになります。

イェスペルセンは長年の作品制作を通じて，古典的な幾何学やプラトン立体に親しんできました。ユークリッド幾何学や証明から学ぶ幾何学ではありません。何時間も角材を見つめてすごし，その中に秘められた対称性を探ろうとするうちに，実体験から身についた幾何学です。「かなり忍耐強いほうだと思います。時間が足りなかったり，適当な木材がなかったりして，プロジェクトの多くは何年も寝かせてあるんです」。複雑なプロジェクトの場合には，3カ月かけてコツコツと作業を進めなければなりません。アイデアが熟したらいつでも降りてくるように，あらゆる可能性に心を開いておくこと。その時間が作品づくりの大部分を占めていますが，いったビャーネ・イェスペルセンの「魔法の木彫り」の一例。木枠の一部を壊さない限り，ボールを取り出すことはできません。

ん彫り始めると一種の瞑想状態になって，何時間でも彫り続けられるのだといいます。インスピレーションの稲妻は意識していないときほど落ちてくる，とイェスペルセンは訴えます。

イェスペルセンと魔法の木彫りは世界中をめぐり，数学アーティストからも木彫職人からも広く支持を集めています。傑作のアイデアはまだいくつも抱えているのですが，70歳を過ぎた今，作品づくりのペースを落とすようになりました。その一方で，木彫りに幾何学を取り入れる方法や，思いどおりの図形――パーツが複雑にかみ合っていて，同時に一つずつが独立していて，同時に壊さないと分解できない図形――が生まれるまでの過程について，何本かの論文を発表しています。また，イェスペルセンの木彫作品には，プラトン立体やその双対や亜種と同じ対称性が見られるため，それぞれの対称性を見極めて，記録に残すようにしてきました。現在はその分類を作成している最中です。

芸術の裏にある数学：テセレーション

幾何学のワンダーランドとスペインの旅

オランダの芸術家マウリッツ・コルネリス・エッシャーは，1922年にアルハンブラ宮殿を訪れました。スペイン南部のアンダルシア州グラナダ市を見下ろす丘の上には，赤みがかった石造りの宮殿が建っています。城塞でもあった敷地は不規則に広がっていて，入口にたどり着くには城壁沿いの急な坂道を延々と歩かなければなりません。その坂道はいつも観光客で賑わい，周辺の路地や売店には，チェスセット，木彫りの小箱，細々した飾りなど，幾何学模様のらでん細工を施した土産物が並べられています。

アルハンブラ宮殿は，古代ローマの要塞をもとに，13世紀にナスル朝の創始者ムハンマド・ベン・アラマールによって築かれました。ナスル朝は，西ヨーロッパを支配した最後のイスラム王朝でしたが，1492年のフェルナンド2世とイサベル1世――アラゴン王とカスティーリャ女王――の入城によって，終わりを迎えました。

アルハンブラ宮殿は，幾何学のワンダーランドです。通路，大広間，中庭の壁一面に，色とりどりのタイルが敷きつめられています。イスラム美術では，教義の解釈上，天界や地上界に見られる姿かたちを直接的に描くことが禁じられているため，色彩や模様が発達したのです。こうしたタイル張りの装飾技法は，数学の世界ではテセレーションと呼ばれています。テセレーションとは，基本図形を一つの領域に隙間なく敷きつめていく手法です。壁紙の説明に似ているような気がしましたか？　その感覚は正解です。壁紙の対象性が17種類に分類できることはすでに証明されていますが，そのうちの何種類がアルハンブラ宮殿のタイル張り模様に表れているかについては，数学者たちが意見を戦わせています（壁紙をめぐる幾何学者の内輪もめの詳細については，170ページの「芸術の裏にある数学：壁紙」を参照してください）。

1922年に戻ったつもりで，こんな光景を思い浮かべてみてください。24歳の芸術家が宮殿を訪れて，壁面のタイル張りのデザインを熱心に調べ，日記に正確に写しとっています。それから14年の月日が流れ，芸術家は再び宮殿を訪れました。歴史学者によれば，これがエッシャーの人生の一大転機となり，数学の本質を追求した芸術が生み出されることになりました。

空間を充填するルール

アルハンブラ宮殿の壁に見られるテセレーションは，「平面内を敷きつめる」ための方法です。平面を1種類の正多角形で敷きつめようとすると，可能な正多角形は3種類——正方形，正六角形，正三角形——しかありません（念のため，正多角形はすべての辺と角が等しい二次元図形です）。この3種類は「正充填」と呼ばれています。

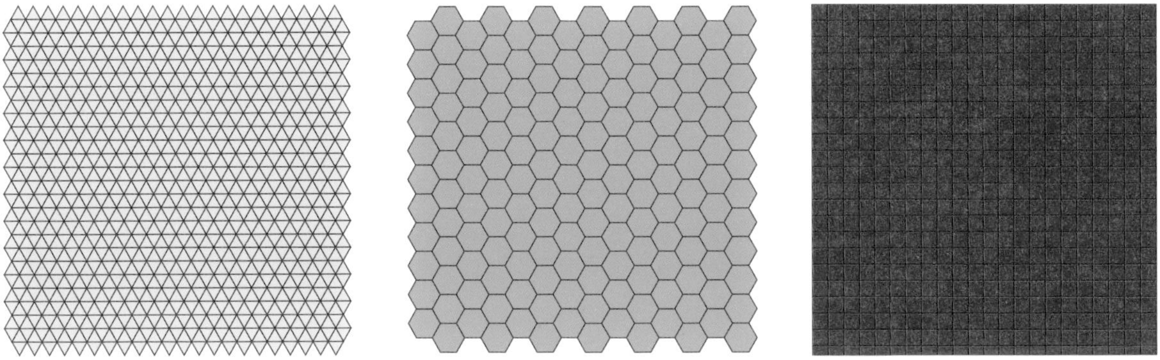

3種類の正充填

ほかの正多角形で敷きつめようとすると，必ず隙間か重なりができてしまいます。というのも，たとえば正五角形なら五つの角すべてが108°ですが，108°では360°を割り切れないからです。ルールを少しだけ緩めてみましょう。実は，「正」というしばりを取り払うだけで，事情はすっかり変わってしまいます。正がつかない五角形であれば，図のとおり，うまく敷きつめることができるのです。

五角形のタイル張り

また，数種類の正多角形を組み合わせて平面に敷きつめることもできます。たとえば，すべてのタイルの各頂点が同じ状態になるように敷きつめる方法は，正充填を除いて8種類あることが知られています。この8種類のテセレーションは，「アルキメデスの平面充填」や「半正充填」と呼ばれています。

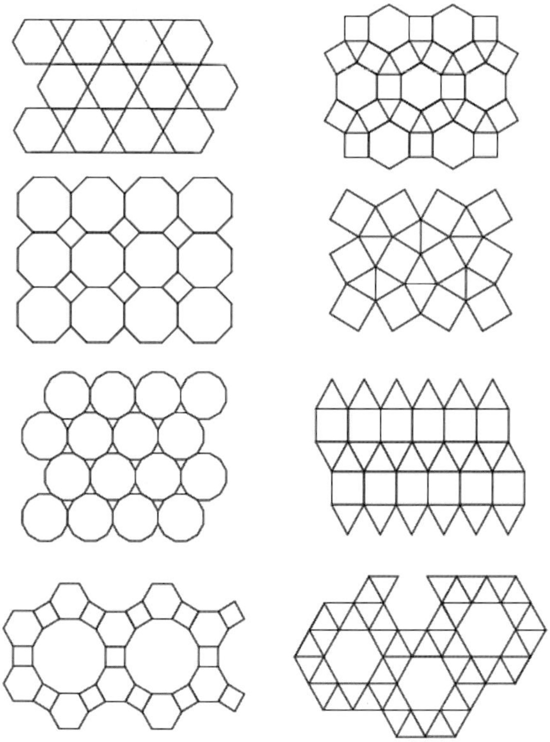

平面の半正充填

このように，ルールを少し変えたり緩めたりするだけで，いろいろなパターンの可能性が生まれます。半正充填のルールを緩めて，すべてのタイルの各頂点の状態が複数通りあるようなテセレーションもつくり出せます。

テセレーションは数学ですから，次元を上げることももちろん可能です。つまり，平面を埋めつくすのと同じように，三次元空間を埋めつくせる図形もあるということです。空間を埋めつくせるプラトン立体は立方体しかありませんが，「正」多面体にこだわらないのであれば，可能性は一気に広がります。数学者たちは数々の空間充填立体を見つけ出し，分類を試みてはいるのですが，今のところすべてを発見するには至っていません。

這い回る爬虫類と無限の空間

エッシャーはルールにとらわれない人物でしたが，作品にだけは厳格なルールを課していました。数学の専門的な知識がないどころか，高校の数学では落第点をとったことさえありましたが，そんなことは作品づくりでは問題になりません。幾何学の言語を使うまでもなく，幾何学の本質を視覚で直観的にとらえることができたのです。エッシャーは作品集『エッシャー：グラフィックワーク』(2004年，タッシェン・ジャパン)の序文の中で，次のように書いています。「この世界にあふれる不可解な現象に真剣に向き合い，観察から得た事実をもとに考察と分析を重ねた結果，いつの間にか数学の領域に立っていた」。

1936年にアルハンブラ宮殿を再訪して以降，エッシャーは「平面の正則分割」を作品に取り入れるようになりました。宮殿で細部にわたってスケッチしたのは規則的で抽象的なタイルでしたが，自身の作品では，独自の手法が加えられました。普通の多角形を敷きつめる代わりに，鳥，魚，這い回る爬虫類，馬に乗った騎士，ライオン風の吠え立てる犬など，複雑に入り組んだパズルのような版画を生み出したのです。

エッシャーのアイデアは，もはや本人の手を離れて，さらに新しいアイデアに生まれ変わっています。本書で紹介した数学アーティストたちも，ほぼ全員がエッシャーからインスピレーションを受けたと話しています。1954年にアムステルダムで開催された国際数学者会議では，エッシャーによる講演が行われ，会場近くの美術館では，記念の展覧会も開催されました。

ところで，カナダの数学者ドナルド・コクセターは幾何学界の巨人でした。シュボーン・ロバーツ

（Siobhan Roberts）は，『多面体と宇宙の謎に迫った幾何学者』（2009年，日経BP社）の中でコクセターの生涯を丁寧に書きつづり，「無限の空間の王」として称えています。コクセターは1954年の国際数学者会議を訪れていましたが，エッシャーの講演には出席していませんでした。一方，コクセターの妻ヘンドリーナ（通称はリエン）は，展覧会でエッシャーの作品を目にとめて，ぜひ見るべきだと夫に知らせました。コクセターはエッシャーの版画を数点手に入れてから帰路についたそうです。後日，コクセターとエッシャーは親交を結ぶようになりました。コクセターは幾何学の教科書を執筆する際，エッシャーの作品を挿絵として収録することにしました。1961年，マーチン・ガードナーが*Scientific American*誌でコクセターの著書を取り上げて，エッシャーの版画が表紙を飾ると，このオランダの画家の名はまたたく間に広まり，アメリカ中を席巻しました。

それ以来，エッシャーは時代とともに，流行と衰退を繰り返しています。その作品の最大の功績は，テセレーションがもつ美的な可能性を示し，数学と芸術を結びつけたことです。イスラム美術のテセレーションは，幾何学，対称性，無限性，そして何よりも神の永遠性を象徴し，何千年も前から芸術家にインスピレーションを与えてきました。ビャーネ・イェスペルセンもその一人ですが，彼のテセレーションは平面の敷きつめではなく，木彫りの球体の敷きつめです。緩くはまった構造と，それでいて分解できない構造が相まって，単なる虫の群れにとどまらない不思議な体験をもたらします。

アルハンブラ宮殿に敷きつめられたタイルの細部

19

可能性

芸術家の視点で数学に取り組む人は，厳密さの中に美しさや美的な可能性を見出そうとします。数学に精通したうえで芸術に目を向ける人は，構造や対称性を追求しようとします。ジョン・シムズやジョージ・ハート，そして本章で紹介するエヴァ・ノル（Eva Knoll）などの芸術家たちも，学生に両方の分野をより深く体感してもらうために，数学アートを活用しています。それは，選ばないことを選んだ人々──二つの分野をあえて股にかけ，結果を確かめてみることを選んだ人々──にとって，ごく自然な行動なのかもしれません。エヴァ・ノルは，多種多様な素材で作品をつくってきましたが，やはり原点にあるのは，繰り返しと発展から生まれる視覚的なパターンの追求です。

エヴァ・ノル

カナダのノバスコシア州に住むエヴァ・ノルは，自他ともに認める落書き好きです。子どもの頃からやめられず，今でもつい落書きをしてしまいます。大半の子どもは，イタズラ書きから始めたとしても，友達，先生，身の回りの物などを描きたくなり，具象芸術に移っていきますが，ノルの場合は違っていました。ノルの落書きは抽象的なまま，年齢とともに複雑になり──本人も気づかないうちに──数学的になっていきました。また，技術者が使うような方眼紙を学校にもっていき，ノート代わりに使っていました。ページを埋めつくす正方形に心を奪われていたのだそうです。

「そのうちに，ほかの図形ならどんなタイルになるだろう，どんな規則があるんだろう，と気になり始めました」とノルは思い起こします。重ならずに敷きつめられる図形とそうでない図形があるのはどうしてなのか，理由を知りたくなりました（平面を隙間なく埋めつくせるようなパターンは，テセレーションと呼ばれます。詳細については188ページの「芸術の裏にある数学：テセレーション」を参照して

前ページ：エヴァ・ノル『3・1・1・3の綾織りに浮かぶ7対8の干渉パターン（7-8 Interference Pattern on 3-1-1-3 Twill）』。じっくり眺めているうちに，幾何学図形が布地の上に浮かび上がってきます。数学から生み出された芸術ならではの錯覚です。

ください）。「いろいろな疑問をもつようになって，その答えは数学にあったんですが，自分の疑問と数学の関係なんて，当時は考えつきませんでした」。

ノルにとって，代数学，幾何学，その他の数学分野の研究は，抽象的な落書きや平面のタイル張りの延長線上にありました。子どもの頃に抱いたのと同じ疑問――パターンの関係性――を学問的に解き明かすことができたのです。そうした規則を理解するにつれて，疑問の絞り込み方も身についていきました。本当に知りたいことが明確になるまでアイデアを書き散らす――その点では数学も芸術も同じだとノルは指摘しています。マデレイン・レングル（Madeleine L’Engle）の言葉を借りれば，「適切な質問は答えよりも重要」というわけです。

ノルはスイス系移民の家庭に生まれ，カナダのモントリオールで育ちました。ノルいわく，一家は「まったく同化していなかった」ため，スイスの家族のもとにたびたび戻っていました。祖父は自宅の地下を作業場にして，木材や金属をあれこれ加工するのが趣味でした。ノルが訪ねていくと必ず「今日は何をつくりたい？」と聞いてくれたそうです。ノルにはスイスをルーツとする特徴がもう一つあります。マックス・ビル，ゾフィー・トイバー＝アルプ（Sophie Taeuber-Arp），ハンス・ヒンターライター（Hans Hinterreiter）をはじめ，スイスの多くの芸術家は，20世紀初頭にロシアで起こった構成主義の影響を色濃く受けています。ロシア構成主義の芸術家たちは，ユークリッド幾何学を多用するとともに，実利性と抽象性を重視していました。

スイス構成主義を代表するヒンターライターは，ゆがんだテセレーションを取り入れた絵画で知られています。その作品は，エッシャー初期の規則的な版画を思わせますが，どこか荒々しさも併せもっています。そうしたパターンを芸術として表現する手法は，ヒンターライターが独自に編み出したものでした。ノルはパターンの表現法を模索していた時期にヒンターライターの作品に出会い，それをヒントにアイデアを具体化していきました。「自分のパターンにも同じ手法を使ってみたんです」。

> 「図柄のデザインの幾何について深く考えれば，そこには必ず数学が見出せます」
>
> ――エヴァ・ノル

ノルの作品の中核にあるのは，抽象代数学と呼ばれる数学分野です。抽象代数学では，多岐にわたる数学的な構造に着目し，その相互作用を決定づける規則について研究します。抽象代数学に分類される概念には，視覚的に表現しやすいものも少なくありません（代数学全般の詳細については198ページの「芸術の裏にある数学：多くの顔をもつ代数学」を参照してください）。

ノルは，紙，布，木材，その他の多種多様な素材を使い，絵を描き，布を織り，ビーズをつなぎ，折り紙を折り，紙や布にプリントを施します。芸術作品をつくるときでも，数学的な要素のある作業にとくに魅力を感じるのだと言います。抽象的な疑問を絞り込みやすくなるだけでなく，「材料のもつ技術的な要素から新しい疑問が浮かんでくるんです」。次のページのプリント作品『黄色によるモアレの習作（Moiré Study in Yellow）』では，一見直線の太さが変化しながら交差しているように見えますが，よく見ると，格子をずらしながら重ね合わせることによって生まれた模様であることがわかります。

192ページの作品は，織り物から生まれた数学アートです。「機織りを習っていたときに，織りのデザインに数列が深く関係していることを知りました。デザインのまとまりごとに糸の本数を数えながら，たて糸とよこ糸を交差させるんです」。そのまとまりに応じて織り機の操作まで変わります。「こ

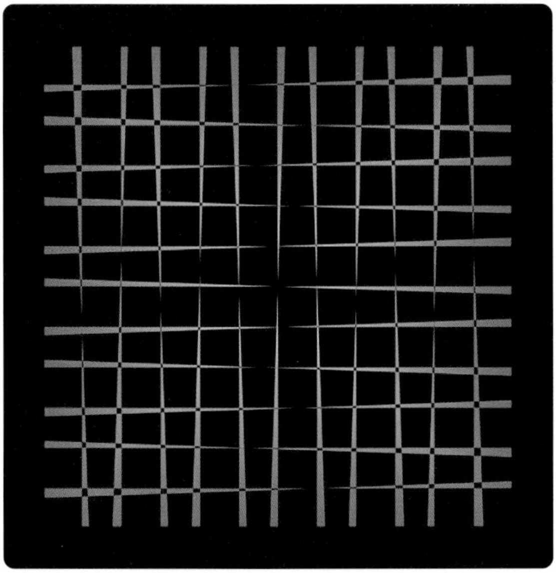

エヴァ・ノル『黄色によるモアレの習作（Moiré Study in Yellow）』。直交座標グラフの縦軸と横軸をずらして重ね合わせることによって，不思議な視覚的効果が生まれます。

の考え方は，数論や合同算術によく似ています。図柄のデザインの幾何について深く考えれば，そこには必ず数学が見出せます」。

ノルの織り物をもう一度見てみましょう。今回は全体をぼんやり眺めてみてください。斜め方向の正方形の図柄が，布地の上に浮かんでいるように見えてきませんか？　この織り物には2種類の綾織りのパターンが使われています。綾織りとは，一定の順序でたて糸とよこ糸を交差させ，斜め方向の柄をつくり出すという技法です（名前は初めて聞くかもしれませんが，綾織りそのものはよくご存知のはずです。なぜって，綾織りの代表といえばデニム生地だからです）。ただし，この効果をもたらすためには，パターンごとに繰り返しの比率を変えなければなりません。ノルは一方のパターンを8の倍数で繰り返し，もう一方を7の倍数で繰り返しました。

7と8は互いに素なので，共通の素因数が存在しません。それが二つの綾織り柄にわずかな差を生じさせ，図柄が浮かんでいるような動きのある作品を生んだのです。

退屈すぎない程度にシンプルで，存在感を放つ程度に複雑な図柄を模索した結果，このような浮かぶ図柄にたどり着きました。ノルの作品づくりは，基本的には，このバランスを探るところから始まります。材料を決めたら技術的なメカニズムを研究し，そこから生み出される数学的な可能性を見極めていくのです。「数学的な要素と材料の技術的な要素を対比させるんです。そうするとインスピレーションが湧き上がってきます」。

代数式で布を織る

織り物の原理は，数学との相性が抜群です。数学教師のエイダ・デイツ（Ada Dietz）は，織り物の世界に大革命を起こし，それから5年と経たない1950年にこの世を去りました。織り物は，芸術としても工芸としても古代から存在していましたが，デイツは1940年代にまったく新しい織り方を発明しました。代数学に基づいて織り物組織をつくり出すアイデアは，現在の織り物作家たちにもインスピレーションを与え続けています。デイツは有名な作品を残したわけではありませんが，機織りの新しい技法を考案したうえで，誰でも実践できるような詳細な資料を書き残しました。それは，工芸品に本格的な代数学を取り入れるという，とてつもなく画期的で独創的なアイデアでした。

デイツはカリフォルニア州ロングビーチで教師をしていましたが，1949年に『手織り物の代数式（Algebraic Expressions in Handwoven Textiles）』という小冊子を発表し，「代数織り」をアメリカ中に知らしめました。序文には，「織り物のパターン名ほど好奇心をそそるものはありません」と書かれています。その言葉が示しているとおり，デイツは普通とは正反対の手順でパターンをつくっていきました。普通はまずパターンを考えて，織り方のイメージが固まってから，最後にパターンの名前を考えます。ところが，デイツは何よりも先にパターンの名前を考えました。代数学では往々にして名前がそのもの自身を表します。数学教師のデイツはそれをよくわかっていたのです。

デイツが代数織りをつくり始めたのは，1946年の8月でした。最初に試したのは二項式です。二項式とは，$x+5$や$z+y$のような，二つの項からなる代数式のことです。デイツの初期のパターンは，$(x+y)^2$のような二項式の2乗からつくられました。

$(x+y)^2$を書き換えると，$(x+y)(x+y)$となります。中学校で教わったたすき掛けを思い出してみましょう。「FOIL」の手順で「First, Outside, Inside, Last（最初，外側，内側，最後）」と掛け合わせると，$x^2+xy+xy+y^2$と書き換えられます。さらに式を展開して$xx+xy+xy+yy$となったところで，デイツは変数だけを取り出して「$xx\ xy\ xy\ yy$」と書き換え，最後に変数を「$xxx\ y\ x\ yyy$」のようにまとめ直しました。

これがもし代数の授業なら，「これらの変数を解きなさい」という問題が出されることでしょう。このときの「解く」とは，それぞれの数値を求めるという意味です。しかし，デイツの発想は違いました。「文字が数値の代わりでないとしたら？　変数で何を表せるだろう？」

織り機では，ハーネス（綜絖《そうこう》）と呼ばれる長い棒を使って，たて糸のまとまりを上下に動かすことで，たて糸の間に細い隙間をつくり，そこへシャトルという道具につないだよこ糸をくぐらせます。ハーネスで上下させるたて糸は，パターンに従って，たとえば同じ色だけでまとめられています。織り機には，一般的に四つのハーネスが備わっています。デイツはここに変数とのつながりを見出しました。二つのハーネスに二項展開の変数x

を割り当て，残りの二つに変数yを割り当てたのです。

すると，代数式のxとyの順番がハーネスの使い方を表して，色とパターンの組み合わせを決めることになります。二項式と三項式（三つの変数の和か差を2乗します）では，生み出される配色が異なりましたし，そのどちらも従来のパターンとはまったく違っていました。さらに指数も変えてみると，また新しいデザインを生むことができました。

1948年，デイツは最高傑作の代数式――$(a+b+c+d+e+f)^2$――に基づくパターンで織り物をつくり，リトルルームハウス・カントリーフェアに出品しました。ケンタッキー州ルイビル南部の丘にある山小屋で毎年開催されるイベントです（リトルルームハウスでは，現在も織り物教室などが開かれています。創設者のルー・テート（Lou Tate）は，エレノア・ルーズベルトからも依頼を受けていた織り物作家です）。デイツのアイデアは地域で評判を呼び，テートや愛好家たちの協力を得て，色とりどりのデザインが加わっていきました。

『手織り物の代数式』では，代数式と織り物の関わりが，ごく自然に，しかも愛らしく表現されています。「サマーアンドウインター織りの代数式を立てて，星とダイヤモンドの踏み順を試してみれば，すてきな布地が織り上がります」。この新しい技法がこれほど長く残るとは，デイツには知る由もなかったでしょう。代数織りは，デイツの情熱に火をつけて，昔ながらの芸術に新しい命を吹き込みました。そして，現在も進化し続けています。

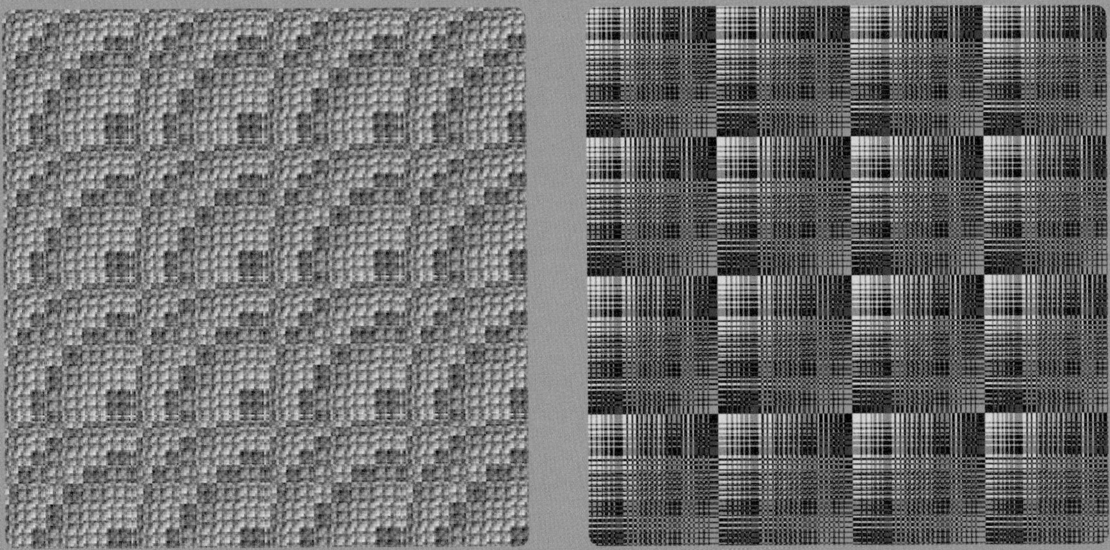

エイダ・デイツは代数式を用いて，新しいタイプの織り物を考案しました。上の二つのパターンは，多項式の次数を上げて展開するというルールに基づいて，Wolfram CDF Player（CDF閲覧ソフトウェア）で生成されたものです。

芸術の裏にある数学：多くの顔をもつ代数学

折れた骨をつなぐ

エヴァ・ノルの『色彩の波（Colourwave）』シリーズ（次ページ参照）は，アルゴリズム──計算を行うレシピのこと──を使ったプリント作品です。正方形や円を形づくるマス目の配色をアルゴリズムによって決定することで，知覚しやすい色の反復や連続が生み出され，見る者に鮮烈な印象を与えます。しかも，抽象代数学が視覚的に表現されるという効果ももたらしています。

抽象代数学を正式に学ぶのは大学に入ってからなので，一般的にはなじみのない分野かもしれませんが，ノルの作品のような芸術は，その敷居を大きく下げてくれます。抽象代数学とは，集合，群，その他の数学的対象に対し，その集まり全体の構造や規則を研究する分野です。現代の代数学はあまりにも多岐にわたるため，学校で学ぶ代数では，ほんの一部を垣間見ることしかできません。たとえば，具体的な数値によらず，数を対応づける方法を学びます。条件を満たすxの式を求めたり（yやaやbでもかまいませんが），式を整理したり，二次方程式を平方完成するのは代表的な例です。また，二項式の積を求める「FOIL」法（たすき掛け）なども，その一例です（「FOIL」は「First, Outside, Inside, Last（最初，外側，内側，最後）」の計算手順を表します）。このタイプの代数学を芸術に活かしたのがエイダ・デイツでした。数学アートの歴史上，デイツの織り物以上に二項式の芸術性を引き出している作品はありません（詳細については前のページのコラム「代数式で布を織る」を参照してください）。

大半の子どもは，代数で初めて数学の抽象性と対峙します。抽象性は，残念ながら，数学が敬遠される最大の理由の一つです。少なくとも，アメリカの教育では，勉強嫌いの生徒が「一体何の役に立つの？」と思い始める最初のクラスが代数であることも事実です。それは，元数学教師として認めざるを得ません。

史上初の代数学の教科書は，アラビア語で書かれた『約分と消約の計算の書（Al-kitāb al-mukhtaṣar fī ḥisāb al-ğabr wa'l-muqābala）』だといわれています。825年頃，ペルシャの数学者ムハンマド・イブン・ムーサー・アル＝フワーリズミーによって記され，のちにラテン語に翻訳されました。アル＝フワーリズミーはバグダッドで活躍し，幅広い分野で功績を残しています（139ページも参照してください）。アラビア語のタイトルをもう一度よく見てみましょう。「algebra（代数学）」という英単語の語源が見つけられるでしょうか？「al-ğabr」というアラビア語が，ラテン語版で「algebrae」と字訳され，徐々に変化して「algebra」になったのです。アラビア語の「al-ğabr」には，「分割された部分を再結合する」という意味があります。

当時の「algebra」は，一種の医者による治療のプロセスも意味していました。つまり，壊れた部位を元に戻すということです。

数を文字で表す

英語に入ってきた「algebra」に関しても，14世紀頃までは「折れた骨をつなぎ合わせる」という意味で使われていました。なるほど，語源を知れば納得です。一般的には，代数学といえば，方程式を解いて，その曲線をグラフ化して……という流れの授業をイメージします。また，変数の定義域──ドロシア・ロックバーンの作品名でもあります──や二次方程式などを思い浮かべる人もいるでしょう。こうした授業で学ぶ代数の規則については，その多く

エヴァ・ノルの『色彩の波（Colourwave）』シリーズのプリント作品

がアル＝フワーリズミーの代数学書でも取り上げられていました。といっても，二次方程式（最高次数が2の方程式）の解き方までしか扱われていません。

アル＝フワーリズミーは，何世紀にもわたって代数学の創始者と呼ばれていましたが，代数学の分野を考案したわけではありませんし，本人がそう主張したこともありません。ただし，代数学の雑多な知識を教科書としてまとめ上げ，アラビア語で出版した最初の人物だったことは間違いないでしょう。アル＝フワーリズミーは，序文の中で，カリフから大衆向けの代数学書の要望を受けたため，執筆する運びになったと述べています。

数やパターンを追究する学問というのは，世界中の文明で何世紀もかけて発展した問題の積み重ねによってできています。代数学も，もちろん同じです。バビロン，インド，エジプト，ギリシャといった古代文明には，現在の代数学で扱われるような問題の解法がすでに存在していました。たとえば，3世紀のギリシャの数学者ディオファントスが著した『算術』には，130問の代数問題と，その解法が集められています。この書物にちなみ，整数解しかもたない多項式は，ディオファントス方程式と呼ばれています。

数学史上，最も有名な難問の一つは，ディオファントス方程式の$x^n+y^n=z^n$に関係しています。この指数nは自然数（1，2，3，…）を表します。$n=1$として，シンプルな方程式で考えてみましょう。$x+y=z$が成り立つような(x, y, z)の値には，どんな組み合わせが考えられるでしょうか？　たとえば1＋2＝3がそうですね。

$n=2$とすると，少し複雑な方程式$x^2+y^2=z^2$になりますが，何だか見覚えがあると思いませんか？　そう，直角三角形の三つの辺の関係を表すピタゴラスの定理です。この関係を満たす三つの数の組み合わせは，無限に存在しています。たとえば，(3, 4, 5）は9＋16＝25が成り立ちますし，（5, 12, 13）は25＋144＝169が成り立ちます。

では，nの値をさらに大きくしたらどうなるでしょう？　17世紀の数学者ピエール・ド・フェルマーは，『算術』を読みながら仮説を思いつき，余白にラテン語でメモを書き込みました。フェルマーの死後，この書物は息子によって発見され，メモを含めて再出版されました。フェルマーの原本は現存していませんが，そこには次のように書き込まれていたそうです。「3乗の数は二つの3乗の和で表せず，4乗の数は二つの4乗の和で表せず，指数をどれだけ大きい整数にしても，その数は二つのべき乗の和で表せない」。フェルマーはこの仮説を証明しないまま，後世の数学者たちを何百年も惑わし，悩ませることになりました。というのも，メモの続きには次のように書かれていたのです。「この命題の実にすばらしい証明法を見つけたが，この余白は狭すぎて記せない」。

鉛を金に変える方法を見つけたとしてもレシピを書き残さない，財宝を埋めたとしても地図をなくしてしまう……フェルマーはそんな人物だったのでしょうか。とにかく，数学者たちは300年もの長きにわたって，フェルマーの仮説——フェルマーの最終定理と呼ばれます——を証明しようと試みてきました。1995年，イギリスの数学者アンドリュー・ワイルズがついに証明に成功し，論文を完成させました。面白いことに，ワイルズが証明に使った理論や手法は，フェルマーの時代にはまだ存在していませんでした。つまり，ある疑問が残っていることになります。フェルマーの言う「実にすばらしい証明法」とは，一体どんなものだったのでしょう？

代数はすべてに通ずる

数学では「代数」という用語をいくつかの意味で使います。一つ目は，ここまでに紹介してきたような，高校の授業で教わる数学的な道具や手法の総称です。二つ目は，大学や大学院の数学科などで扱われる厳密な学問です。数学の道を志す学生たちは，群，環，体といった抽象的な数学的構造を研究しています。この代数を高校までの代数と区別するときには，抽象代数学と呼ぶこともあります。エヴァ・ノルの作品『色彩の波』では，抽象代数学の規則がパターンの現れ方を決定していました。

三つ目に，線形代数と呼ばれる代数分野があります。一次方程式――グラフ上に直線として現れる方程式――とその変換を中心とする学問です。

四つ目に，狭義の使われ方として，特定の構造をもつ数や対象の集合を意味することがあります。ここでは詳しく説明しませんが，先ほどの抽象代数学を究めていく過程で，この種の代数を学ぶことになります。その範囲はあまりにも広大で，とても全部は書ききれませんので，いくつか名前だけ挙げておきましょう。バナッハ環，ロビンズ代数，クリフォード代数，外積代数，リー環，フォン・ノイマン代数，シューア代数，半単純環……これでもほんの一部です。

こうした数々の意味が加わっていく中で，「接骨」は奥深い数学分野に進化をとげてきました。代数の問題に興味が出てきたという方は，ぜひ下のコラムをご覧ください。アルキメデスからちょっとした挑戦状が届いています。

■ ■ ■

代数学のおまけ：アルキメデスの牛の問題

アルキメデスが残したとされる壮大な文章問題です。複雑な方程式を次々に解き，集中力を切らすことなく，おびただしい牛の群れに立ち向かいましょう。問題文は次のとおりです。

太陽神が牛の群れを飼っていました。

群れには白，黒，まだら，茶の４種類のオスとメスがいます。

まずはオスの頭数を数えました。

白は茶よりも黒の1/2＋1/3頭だけ多く，
黒は茶よりもまだらの1/4＋1/5頭だけ多く，
まだらは茶よりも白の1/6＋1/7頭だけ多くいます。

次にメスの頭数を数えました。

白は黒のオスとメスの1/3＋1/4頭いて，
黒はまだらのオスとメスの1/4＋1/5頭いて，
まだらは茶のオスとメスの1/5＋1/6頭いて，
茶は白のオスとメスの1/6＋1/7頭います。

牛はそれぞれ何頭ずついるでしょう？

解答

白のオスは，10,366,482頭
黒のオスは，7,460,514頭
まだらのオスは，7,358,060頭
茶のオスは，4,149,387頭
白のメスは，7,206,360頭
黒のメスは，4,893,246頭
まだらのメスは，3,515,820頭
茶のメスは，5,439,213頭

参考文献

アボット，E・A（竹内薫訳）『フラットランド』講談社，2017年

ウェルズ，D（宮崎興二他訳）『不思議おもしろ幾何学事典』朝倉書店，2002年

ヴァイル，ヘルマン（遠山啓訳）『シンメトリー』紀伊國屋書店，1970年

クライン，モリス（中山茂訳）『数学の文化史』河出書房新社，2011年

コクセター，H・S・M（銀林浩訳）『幾何学入門　上・下』筑摩書房，2009年

スチュアート，イアン（川辺治之訳）『対称性：不変性の表現』丸善出版，2017年

スティルウェル，J（上野健爾，浪川幸彦監訳，林芳樹訳）『数学のあゆみ　上・下』朝倉書店，2005年・2008年

プラトン（山田道夫訳）『ピレボス』京都大学学術出版会，2005年

ベロス，アレックス他（秋山仁訳）『世界一美しい数学塗り絵：宇宙の紋様』化学同人，2016年

ポアンカレ，アンリ（吉田洋一訳）『改訳　科学と方法』岩波書店，1953年

マンデルブロ，B（広中平祐監訳）『フラクタル幾何学　上・下』筑摩書房，2011年

ロッヘル，J・L（坂根厳夫訳）『M.C.エッシャー：その生涯と全作品集』メルヘン社，1995年

ロバーツ，シュボーン（糸川洋訳）『多面体と宇宙の謎に迫った幾何学者』日経BP社，2009年

Aschbacher, Michael, editor. *The Classification of Finite Simple Groups: Groups of Characteristic 2 Type*. American Mathematical Society, 2011.

Conway, John Horton, et al., *The Symmetries of Things*. A. K. Peters, 2008.

Dietz, Ada. *Algebraic Expressions in Handweaving*. Little Loomhouse, 1949.

Farris, Frank A. *Creating Symmetry: The Artful Mathematics of Wallpaper Patterns.* Princeton University Press, 2015.

Ferguson, Claire, and Helaman Ferguson, *Helaman Ferguson: Mathematics in Stone and Bronze.* Meridian Creative Group, 1994.

Field, Michael. “The Design of 2-Colour Wallpaper Patterns Using Methods Based on Chaotic Dynamics and Symmetry.” *Mathematics and Art*, Springer, 2002, pp. 43–60. (link.springer.com, doi:10.1007/978-3-662-04909-9_4)

Friedman, Nathaniel A. “Hyperseeing, Knots, and Minimal Surfaces.” *Mathematics and Art*, Springer, 2002, pp. 223–32. (link.springer.com, doi:10.1007/978-3-662-04909-9_24)

Gamwell, Lynn. *Mathematics + Art: A Cultural History*. Princeton University Press, 2016.

Hart, George W. “Computational Geometry for Sculpture.” *Proceedings of the Seventeenth Annual Symposium on Computational Geometry*, ACM, 2001, pp. 284–87. (ACM Digital Library, doi:10.1145/378583.378696)

Hart, George W. “Solid-Segment Sculptures.” *Mathematics and Art*, Springer, 2002, pp. 17–27. (link.springer.com, doi:10.1007/978-3-662-04909-9_2)

Hauer, Erwin. *Erwin Hauer: Continua Architectural Screens and Walls*. Princeton Architectural Press, 2004.

Hawking, Stephen, editor. *God Created the*

Integers: The Mathematical Breakthroughs That Changed History, new edition. Running Press, 2007.

Hilbert, David. "Ueber die stetige Abbildung einer Linie auf ein Flächenstück." *Mathematische Annalen*, vol. 38, 1891, pp. 459–60.

Horgan, John. "Mandelbrot Set-To." *Scientific American*, vol. 262, no. 4, Apr. 1990, pp. 30–35.

Hunt, Bruce. "A Gallery of Algebraic Surfaces." *Mathematics and Art*, Springer, 2002, pp. 237–66, (link.springer.com, doi:10.1007/978-3-662-04909-9_26)

Jespersen, Bjarne. *Woodcarving Magic*. Fox Chapel, 2012.

Johnson, Crockett. "On the Mathematics of Geometry in My Abstract Paintings." *Leonardo*, vol. 5, no. 2, 1972, pp. 97–101.

Karcher, Hermann. "The Triply Periodic Minimal Surfaces of Alan Schoen and Their Constant Mean Curvature Companions." *Manuscripta Mathematica*, vol. 64, no. 3, Sept. 1989, pp. 291–357. (link.springer.com, doi:10.1007/BF01165824)

Kline, Morris. *Mathematics for the Nonmathematician*. Dover, 1985.

Koch, Helge "Sur Une Courbe Continue sans Tangente, Obtenue par une Construction Géométrique Élémentaire." *Arkiv F. Mat*, Astr. Och Fys., no. 1, 1929, pp. 681–702.

Lovatt, Anna. "Dorothea Rockburne: Intersection." *October*, vol. 122, 2007, pp. 31–52.

Nel, Philip. *Crockett Johnson and Ruth Krauss: How an Unlikely Couple Found Love, Dodged the FBI, and Transformed Children's Literature*. University Press of Mississippi, 2012.

O'Neill-Butler, Lauren. "Dorothea Rockburne," *Artforum*. (https://www.artforum.com/interviews/dorothea-rockburne-talksabout-her-retrospective-28576)

Peano, Giuseppe. "Sur Une Courbe, Qui Remplit Toute Une Aire Plane." *Mathematische Annalen*, vol. 36, 1890, pp. 157–60.

Peterson, Ivars. *Fragments of Infinity: A Kaleidoscope of Math and Art*. Wiley, 2001.

Prevallet, Kristin. "John Sims: Celebrating Pi Day with a Political Math Artist." *Guernica*, Mar. 2016.

Reuben, Ernesto, et al. "How Stereotypes Impair Women's Careers in Science." *Proceedings of the National Academy of Sciences*, vol. 111, no. 12, Mar. 2014, pp. 4,403–08. (www.pnas.org,doi:10.1073/pnas.1314788111)

Schoen, Alan. "Infinite Periodic Minimal Surfaces Without Self-Interactions." *NASA Technical Note*, May 1970. (https://ntrs.nasa.gov/archive/nasa/casi.ntrs.nasa.gov/19700020472.pdf)

Schoen, Alan H. "Reflections Concerning Triply-Periodic Minimal Surfaces." *Interface Focus*, vol. 2, no. 5, Oct. 2012, pp. 658–68. (rsfs.royalsocietypublishing.org, doi:10.1098/rsfs.2012.0023)

Segerman, Henry. *Visualizing Mathematics with 3D Printing*. Johns Hopkins University Press, 2016.

Shrestha, Sujan. "Mathematics Art Music Architecture Education Culture." *Nexus Network Journal*, 2018.

Sims, John, et al. *Rhythm of Structure: Mathematics, Art and Poetic Reflection*. Selby Gallery, Ringling College of Art and Design, 2011.

Sims, John. "Trees, Roots and a Brain: A Metaphorical Foundation for Mathematical Art." *Mathematics and Culture II*, Springer, 2005, pp. 163–70. (link.springer.com, doi:10.1007/3-540-26443-4_14)

Taimina, Daina. *Crocheting Adventures with Hyperbolic Planes: Tactile Mathematics, Art, and Craft for All to Explore*, 2nd ed. CRC Press, 2018.

Tuchman, Phyllis. "Dorothea Rockburne's Ephemeral Art and Enduring Legacy." *The New York Times*, May 4, 2018.

Verostko, Roman. "Epigenetic Painting: Software as Genotype." *Leonardo*, vol. 23, no. 1, 1990, pp. 17–23.

Wallace, David Foster. *Everything and More: A Compact History of Infinity*. W. W. Norton, 2010.

Zeki, Semir, et al. "The Experience of Mathematical Beauty and Its Neural Correlates." *Frontiers in Human Neuroscience*, vol.8, 2014. (Crossref, doi:10.3389/fnhum.2014.00068)

PICTURE CREDITS

David Bachman: 108, 111, 112; **Robert Bosch:** 118, 120, 122, 123; **Anita Chowdry:** ii; 128, 131, 133（両方）; **Ada Dietz:** 197; **John Edmark:** 30, 32, 33（両方）; **Frank Farris:** 10,164, 167,168, 169, 170, 171; **Robert Fathauer:** 13, 86, 88, 89, 106; **Helaman Ferguson:** 78, 80, 81, 82; **Melinda Green:** 98, 102, 107; **Bathsheba Grossman:** 70, 73, 74（両方）; **George Hart:** 60, 63; **Internet Archive:** 27; **iStock:** Agustinc: 64; Fischerscoop: 151; FlamingPumpkin: 39; Florum: 36, 37; Korhankaracan: 38（右下）; **Eva Knoll:** 192, 195, 199; **Bjarne Jespersen:** 184, 187; **National Museum of American History/Crockett Johnson:** 6, 42, 45, 46; **Ivars Peterson** (photographer)/Max Bill (sculptor)/Baltimore Museum of Art:115; **Dorothea Rockburne:** Artist's Rights Society/© The Museum of Modern Art: 50, 53; **Henry Segerman:** 142, 146, 147; **Carlo Sequin:** 178; **Carlo Sequin,** Stan Wagon, Dan Schwalbe, Brent Collins, and Steve Reinmuth: 176; **Shutterstock:** DasArts: 96-97; Pabkov: 191; John Sims: 18, 20, 21（すべて）, 22, 23; Zita: 58-59; **Daina Taimina:** 154, 156, 157; **Roman Verostko:** 134, 137; **Stan Wagon,** Carlo Sequin, John Sullivan, Dan Schwalbe, Rich Seeley: 179; **Wikimedia:** 28, 38（左, 右上）,48, 65, 66, 67, 84, 85, 101, 104, 105, 106, 112, 124-125, 132, 150（両方）, 159（両方）, 162, 163;

Cover design by Igor Satanovsky

▌著者

スティーヴン・オーンズ／Stephen Ornes

複数の受賞歴をもつ科学・数学ライター。テネシー州ナッシュビル在住。数学と芸術の融合をテーマとした記事に加え，侵略的外来種の野生化ブタの問題，史上最長の数学的証明，太陽系の形成過程にまつわる新説など，幅広い分野の記事を手がける。*Scientific American*誌，*Discover*誌，*New Scientist*誌，*PNAS*誌，*Science News for Students*などに寄稿。アメリカ科学振興協会（AAAS）・カブリ財団，アメリカジャーナリスト作家協会，ヒューストンメソジスト病院などから各種のジャーナリズム賞を受賞。

▌監訳者

巴山竜来／はやま・たつき

1982年奈良県生まれ。専修大学経営学部准教授。博士（理学）。専門は複素幾何学，および数理的生成手法によるCGとデジタルファブリケーション。著書『数学から創るジェネラティブアート』（技術評論社）。コンピュータ援用による西陣織の研究開発プロジェクト「Quasicrystal」(HOSOO)に参加。

▌訳者

赤池ともえ／あかいけ・ともえ

東京都出身，在住。イギリス・バース大学大学院通訳翻訳修士課程修了。電機メーカーやIT企業で翻訳に従事したあと独立し，さまざまな分野の翻訳を手がける。訳書に『数学が好きになる数の物語100話』（ニュートンプレス）がある。

MATH ART

マス・アート
～真理，美，そして方程式～

2021年2月15日発行

著者	スティーヴン・オーンズ
監訳者	巴山竜来
訳者	赤池ともえ
翻訳協力	Butterfly Brand Consulting
編集協力	松川琢哉
編集	道地恵介，目黒真弥子
表紙デザイン	岩本陽一
発行者	高森康雄
発行所	株式会社 ニュートンプレス 〒112-0012 東京都文京区大塚 3-11-6 https://www.newtonpress.co.jp

ISBN 978-4-315-52327-0
